張爸爸教你陪孩子玩故事

36個一定要玩的精采故事

故事屋創辦人 張大光 著

高寶書版集團

未來趨勢學習 79

張爸爸教你陪孩子玩故事

36 個一定要玩的精采故事

作　　者：張大光
編　　輯：鄭淑慧
校　　對：張大光、林睿瑩、鄭淑慧
出 版 者：英屬維京群島商高寶國際有限公司台灣分公司
　　　　　Global Group Holdings, Ltd.
聯絡地址：台北市內湖區洲子街88號3F
網　　址：gobooks.com.tw
E-mail：readers@gobooks.com.tw〈讀者服務部〉
　　　　　pr@gobooks.com.tw〈公關諮詢部〉
電　　話：(02) 2799-2788
電　　傳：出版部 （02）2799-0909
　　　　　行銷部 （02）2799-3088
郵政劃撥：19394552
戶　　名：英屬維京群島商高寶國際有限公司台灣分公司
出版日期：2011年6月
發　　行：希代多媒體書版股份有限公司/Printed in Taiwan

國家圖書館出版品預行編目資料

張爸爸教你陪孩子玩故事/ 張大光著. -- 初版.--
臺北市：高寶國際出版：希代多媒體發行, 2011.6

面；　公分. -- (未來趨勢學習 79)

ISBN 978-986-185-602-5(平裝)

1.說故事　2.閱讀　3.親子遊戲

428.83　　　　　100009498

給孩子一份終身受用的禮物——共讀

故事屋創辦人　張大光

常有朋友去我們家都會發現一件有趣的事情：就是我們家很少玩具。他們會問我：「你都不買禮物給小孩嗎？」我則會和他們分享：**對我來說，多花時間和孩子在一起才是最好的禮物。**

但是，對現在的父母來說，挪出時間來和孩子多在一起談何容易呢？其實大家都誤會了。當您回到家，改變一下，別急著打開電視，別急著打開電腦，趕快陪孩子一起洗澡、陪著孩子一起閱讀。哇！您會發現孩子其實只需要一點點的時間，也許只是半小時、一小時，都會讓您的親子關係變得更好。千萬別小看這樣的改變，這樣的親子時間可是兼具質和量的哦！

尤其是親子說故事時間，當孩子坐在爸爸媽媽的旁邊，身體靠著身體，手握著手，眼睛看著眼睛，沒有任何事情能如此直接讓孩子感受到父母對他的關懷，沒有任何的玩具衣服可以產生這樣的深度交流，沒有任何的禮物可以這麼溫暖的傳達世間最重要的愛了。**如果您的老闆、您的客戶都可以隨時要求您撥多一點時間給他們，那麼您應該也可以多撥一點時間陪您可愛的孩子共讀哦！**

不過，長期以來，我發現幾乎很多人對說故事這件事都有一些小小的偏差及誤解。不信的話，這邊就要請問大家幾個有趣的問題：

1. 孩子只看得懂圖，看不懂文字。使用繪本時，您是在用圖說故事嗎？還是都在看文字呢？
2. 看完一本書，您喜歡人家逼問您這本書在說什麼嗎？您能很快回答出來嗎？但您是否也常常急著問小朋友這個故事在說什麼呢？
3. 您看一部電影或是一本喜歡的書，目的是什麼呢？也許只是讓自己放鬆開心，但是說故事給小朋友聽的時候，會不會有太多的其他目的呢？

如果以上三個問題，您的情況和答案都是肯定的，那麼您跟我以前一樣，有很多東西都要趕快修正了。

首先，我真的建議大家，拿到一本故事書，一定要先去讀圖，而不是讀文字。不知道您是否注意到：說故事的時候，如果您是在唸文字，小朋友的眼睛是在看哪裡呢？哈哈！您應該很容易就會發現大人和孩子看的地方不一樣呢！有人曾經告訴我小朋友應該自己看得懂啊！其實只要做個實驗，您就會了解到小朋友看繪本的感受。（相信我，就算是大人，光看圖不看文字，幾乎所有的繪本都看不懂在說什麼，更何況小朋友呢！）建議您拿到繪本的時候，先看一遍圖，如果您看不懂圖，再回來看文字。看文字的目的在於看懂圖在說什麼，這樣您馬上會發現在講給小朋友聽的時候會變得非常順暢，而且充滿互動性哦！

其次，建議大家在說故事這件事情上，不要有太多的目的。當說故事太有目的或是急著灌輸小朋友東西，這不就變成考試了嗎？而且往往會造成小朋友在聽故事這件事情上有很大的壓力。我就曾經聽過一個小朋友跟我說，他不喜歡聽故事的原因是媽媽說完故事很喜歡問他很多問題，講不出來媽媽還會很生氣。因此，真的提醒大家：**很多的道德、知識、人生觀都不是一個故事就可以做到的，必須透過累積才能產生影響及價值觀。**

最後，和大家分享我長期觀察到的一個有趣現象。不知道大家有沒有注意到，每次講完一本書，小朋友往往會找機會去翻一下那本書。這一點從我孩子身上也獲得了驗證。因此，通常喜歡聽故事的孩子，到最後幾乎都會喜歡閱讀。**如果您能夠透過這個共讀的習慣，讓您的孩子自己喜歡上閱讀，那您已經送給孩子一種能力及人生最大的禮物了。**

目錄 CONTENTS

5 道具篇

6 張爸爸私房篇

Part 1
出版社精選

天真的莉莉覺得，
阿福一定是因為知道天堂很好玩，
有雲霄飛車和好吃的糖果冰淇淋，
所以想自己一個人去，可是阿福告訴莉莉……

天堂

—尼可拉斯・艾倫◎文圖—台灣麥克

張爸爸說故事

小女孩莉莉養了一隻陪著她一起長大的狗，叫做「阿福」。有一天，阿福竟然在整理行李呢？——原來阿福老了，要去天堂了。莉莉當然捨不得，於是她跟著阿福一起走到公園，等待狗天使來接阿福。

莉莉不希望阿福離開，她請求阿福帶她一起去天堂，可是這當然不行啦。於是，難過的莉莉只好跟狗天使請求，讓阿福繼續留下來。最後，狗天使只好勉為其難的答應再給阿福五分鐘，讓她們再說說話。

天真的莉莉覺得，阿福一定是因為知道天堂很好玩，有雲霄飛車和好吃的糖果冰淇淋，所以想自己一個人去，可是阿福告訴莉莉：

「狗的天堂不是那樣，狗的天堂裡是有很多的電線桿和骨頭，還可以到處便便呢！」

但是傷心的莉莉生氣了，她告訴阿福說：

「你很調皮，會偷吃媽媽烤的雞，還會在家裡亂咬東西，所以不！會！去！天！堂！」

阿福也生氣了，牠告訴莉莉：

「不要這樣說嘛！我雖然有點調皮，可是還是有很認真的在當一隻乖狗狗啊！」

就在她們開始爭吵的時候，狗天使回來了！

莉莉和阿福都安靜了下來，阿福看著莉莉，莉莉也看著阿福，二人緊緊的擁抱對方，因為她們都知道，這是最後一次的擁抱了。

「阿福，你是世界上最棒的狗狗了！」

「莉莉，妳是世界上最棒的主人了！」

後來阿福跟著狗天使走了，莉莉一個人回到了家。

看著家裡阿福的窩，看著家裡阿福的玩具，看著門上阿福的抓痕，她覺得心裡空空的，一切彷彿都變得不一樣了！

莉莉走到公園，坐在椅子上發呆，一隻到處流浪的小狗跑了過來，最後莉莉決定把這隻小狗帶回家，好好照顧牠，讓牠住在阿福的窩裡，一起玩阿福的玩具，然後晚上陪著小狗睡覺，就像以前她陪伴阿福一樣。

在天堂裡的阿福看著莉莉說：

「呵呵！這隻小狗真像在**天堂**…………」

深愛理由

張爸爸超級愛這個天真卻又帶著一點傷感的故事！尤其是這本繪本，以俐落輕巧的文字，配合圖畫，帶出孩子的天真，以及面對寵物過世時的不捨。

其中有幾段對話非常經典而特殊，像是莉莉和阿福在談論天堂的樣子，相信您和孩子都會覺得十分有趣，再看到最後那張兩個人告別前安靜擁抱的畫面，一定也會超感動。

這本繪本的另一個難能可貴之處，是將孩子的心情轉折描寫得十分細膩，這點是許多繪本做不到的。我想作者應該是一個很懂孩子的大人，或是他自己也曾經歷過那樣的傷心吧！

故事裡的莉莉，從天真轉而難過，再從生氣到不捨，不斷牽動著看故事和聽故事的人的心，記得我之前在故事屋分享這個故事的時候，不管大人還是小孩，一開始大家都覺得很可愛溫馨，可是到了故事的結尾，大家都變得好安靜喔！有一個小朋友還跟我說：「有點想哭ㄟ……」

進行方式

如果您是在家裡說給自己的小朋友聽，請盡量配合繪本說這個故事。

如果您是說故事志工，要說給很多孩子聽，建議先將繪本圖片掃描，或是用數位相機拍下來，說故事的時候配合投影機播放，因為這個故事繪本的插畫，真的很可愛耶。

當然，不使用書本講這個故事也可以，效果一樣很棒呢！只要您在說故事的時候，跟著故事的情緒走，帶領孩子一同經歷主角莉莉的心情——由天真轉而難過，然後生氣，最後不捨，孩子聽完故事後，也才能感受到：愛原來是一件多麼動人、溫暖的事情！

深度互動

如果聽眾是較小的孩子，故事結尾其實不需要太多的互動，讓他們帶著這個感動在心底就好。

而針對較大的孩子，說完這個故事之後，如果您試著讓他們分享養寵物的經驗，相信孩子們的反應一定會超乎您想像的熱烈哦！

出版社精選

住在附近的人們，
常常聽到大樹下竟然傳出美妙的音樂，
大家都以為是大樹在唱歌，
但是，沒有人知道那是……

鼴鼠的音樂

一大衛・麥克菲爾◎文圖一台灣麥克

張爸爸說故事

一隻住在地底下的鼴鼠，每天只能聽到自己咚咚咚挖土工作的聲音。

有一天，牠在電視上聽到了一種很不一樣的美妙聲音，原來那是小提琴的獨奏，於是鼴鼠決定郵購一把小提琴來練習。

當然，一開始練習時的聲音，根本就是一場災難！住在牠巢穴上面的小鳥和兔子都被那個難聽的練習聲給嚇到了！連在上面的小樹苗都在發抖呢！

不過鼴鼠並沒有因此而灰心，牠每天依然認真的練習，終於有一天，小兔子有了小夜曲，鳥媽媽有了催眠歌，隨著時間慢慢過去，每天聽著美妙小提琴音樂的小樹，也長成了大樹。

住在附近的人們，常常聽到大樹下竟然傳出美妙的音樂，大家都以為是大樹在唱歌，但是，沒有人知道那是……「鼴鼠的音樂」。
好多人都來聽大樹唱歌，不同國家的國王和將軍們也都來了，他們都愛上了這棵會唱歌的大樹，每個人都貪心的想把這棵大樹占為己有，最後他們決定用一種方法，來決定到底誰才是大樹的主人。
這個方法，就是「戰爭」。
正當雙方劍拔弩張，衝向大樹要開戰的時候，地下的鼴鼠覺得今天好奇怪喔，怎麼上面特別吵，於是牠決定多拉一首曲子，沒想到美妙的小提琴旋律竟然讓憤怒的戰士們全部停了下來，他們都被小提琴的聲音給感動了！自私和怨恨的心，瞬間也被化解了，於是雙方開始握手、擁抱，甚至還跳起舞來呢！
鼴鼠忽然覺得上面一下子變得好安靜喔！所以，牠又決定再拉一首催眠曲，作為今天美好的結束。
於是，地面上的人們都靠在樹上睡著了，他們終於了解到一件重要的事——美好的音樂，可以是屬於大家的呢！

深愛理由

在台灣的繪本中，很少有音樂方面的主題，但是在國外，卻有很多讓人驚艷的作品，像是這本《鼴鼠的音樂》就是我非常喜歡的作品。

在這本繪本的插畫裡，不只運用了上下的對比概念，更在故事中點出了很多深刻的東西，像是學音樂辛勤苦練的過程、人類的自私對大自然造成的浩劫，以及美好音樂的動人之處等等，所以不管大人還是小孩，和這故事相遇的當下，都會有不同的啟發和感動。尤其如果您是使用繪本說這個故事給孩子聽，還可以一同慢慢的欣賞插圖中的許多美妙細節，親子相互討論哦！

甚至，配合繪本多講幾次之後，您也會驚奇的發現：怎麼有很多動人之處，是第一次看繪本時根本沒有看到，或是注意到的哦！

進行方式

在說這個故事的時候，請記得帶領孩子一同在繪本插畫中，去觀察一件事——**上面的世界和下面世界，到底有什麼不同呢？**

因為這位插畫家在地面上下畫面處理的創意，真是太棒了！所以，如果您是說故事志工或老師，在分享這個故事的時候，也請盡量將圖片放大，投影給孩子們看。（如果真的沒有辦法，故事本身也是很棒的！）

同時，還可以請一個會拉小提琴的孩子，或是朋友在一旁協助表演，孩子們一定會更加驚奇不已呢！而且，透過一邊說故事，一邊現場音樂表演，也可以開啟他們對音樂的愛好哦！

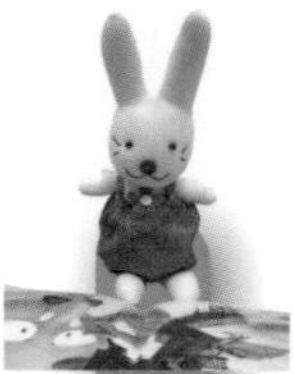

深度互動

在家裡，還可以讓孩子表演他喜歡的樂器給您聽，如果家中沒有「真正的樂器」也沒關係，敲敲東西、模仿樂器的聲音，都是很好玩的親子互動哦！

如果是在公開場合一對多，給一群小朋友說這個故事的話，那就更好玩了！可以讓孩子們表演一些他們會的樂器、唱唱歌，或是分享學音樂的心得，都是不錯的方法。

不過請記得，千萬別把有趣活潑的互動，變成比賽，那樣孩子會好可憐，覺得壓力好大耶！

我知道在團體裡面要盡量和別人一樣。

可是和別人一樣，久了也會累啊！

難道這樣就行不通嗎？

我只是想要有點創意啊！

想要不一樣

—童嘉◎文圖—遠流

張爸爸說故事

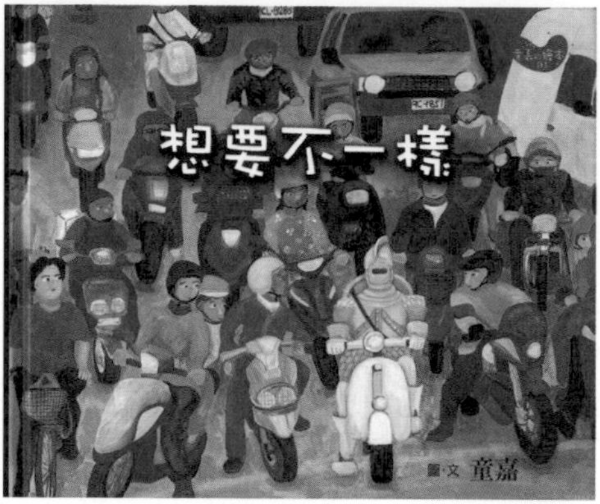

想要不一樣的心情，大家都有過。

像是不想穿制服。

（好比別人是條紋斑馬，我可是格子斑馬呢！）

不想每天都做一樣的功課。

（如同蜘蛛媽媽，今天想要織一個不一樣的風景蜘蛛網。）

我知道在團體裡面要盡量和別人一樣。

（像孔雀媽媽，張開時候的花紋可以調皮一下像是霓虹燈嗎？）

可是和別人一樣，久了也會累啊！

（像椰子樹站久也會瘦啊！可以彎腰休息一下嗎？）

難道這樣就行不通嗎？

（就像發電的大風車可以用玩具風車嗎？）
我只是想要有點創意啊！
（就像袋鼠也可以放本書在口袋裡啊！）
偶而裝裝蒜，好玩ㄟ！
（呵呵！向日葵可以用屁屁向著太陽嗎？）
或者自得其樂一下，
（當一隻邊聽音樂邊游泳的魚！）
或者多愛自己一點，
（穿超級盔甲騎摩托車！）
能不能就直接說出心中的感覺：「我只是想要不一樣！」
（可以當個掙扎半天推不倒的骨牌！）
也許真的有人敢說「我要不一樣」。
（勇敢舉個手！）
可惜不是我。

（但是從背後看到你的衣服寫著：我想要不一樣！）

你也想要不一樣嗎？

深愛理由

在此要跟讀者說聲抱歉，這個故事張爸爸實在不知道怎麼把故事的精彩度完全的呈現出來，只能盡量用括弧的形式來補充，因為「童嘉」這位作者的書真是太有趣了！在這本繪本中，「童嘉」用最簡潔的文字，配上最幽默的圖畫，讓每個孩子讀到這個故事的時候，每一頁都會大笑出來，同時又讓大人們重拾偶爾想做點與眾不同事情的渴望。我記得我的孩子應該看過十幾次了吧！而且一段時間過後總是會想要再翻，每回再看一次還是會覺得很有趣呢。

「孩子的創意很重要！」如果您也是這麼想的爸爸媽媽，這本書千萬別錯過了！

進行方式

這本書的進行方式，簡直是千變萬化，但您也可以選擇最簡單的方式，就是讓孩子在每一頁之間，找找哪裡不一樣。

也可以更進一步，講完前面幾個以後，接下來讓孩子猜猜看，**那個動物或是東西，可以做些什麼不一樣的事情？**

更高招的是——您也一起加入，陪著孩子一起亂講！呵呵！

說這個故事可是比看電視有趣多了，保證帶給您和孩子一段開心的故事時光哦！

深度互動

想想看日常生活中，有很多東西都可以變得不太一樣哦！

怎麼不一樣呢？一起來變變看吧！

說完故事，您還可以用上述發想，帶著孩子玩一下，或是畫畫看、做做勞作——例如做一個與眾不同的怪杯子、做一個奇怪的襪子……

哈哈！您會發現孩子的創意無窮呢！也可以從活動中看見孩子身上，有著很多和別人不同的地方哦！

老公～
你覺得這件怎麼樣？
如果我沒記錯
妳是一隻孔雀……

出版社精選

沒想到，一打開那本書，
整個樹屋就開始旋轉起來，
竟然將傑克和安妮帶到了恐龍時代呢！

神奇樹屋之恐龍谷

—瑪莉・波・奧斯本◎文、吳健豐◎圖—小天下

張爸爸說故事

在美國的賓州蛙溪鎮，住著一對可愛的兄妹，哥哥叫「傑克」，妹妹叫「安妮」。有一天，他們到附近的公園去玩，安妮突然發現，在公園的一棵樹上，有一個樹屋，他們爬上去之後竟然發現，樹屋裡面有好多書喔！

首先看到的，是一本介紹賓州蛙溪鎮的書，旁邊還放著很多好特別的書呢，像是《恐龍谷大冒險》、《木乃伊之謎》、《雨林大驚奇》等。好奇的哥哥拿起了其中一本《恐龍谷大冒險》打了開來。

沒想到，一打開那本書，整個樹屋就開始旋轉起來，竟然將傑克和安妮帶到了恐龍時代呢！原來，這個樹屋真的有魔法，在裡面只要你翻開其中一本書，神奇樹屋就會帶你進入書裡面的世界哦！

突然來到了恐龍世界，傑克和安妮好緊張哦！他們慢慢從樹上爬下來，還好先看到的是只愛吃魚的「無齒翼龍」。

傑克和安妮從書上看過很多有關於各種恐龍的介紹，所以接下來看到「三角龍」和「鴨嘴龍」，一點也都不覺得害怕。

因為他們知道這些恐龍，其實都只是愛吃草而已，不過可不能欺負牠們的小孩，不然恐龍媽媽還是會生氣的呢！

突然，妹妹不見了，不知道跑到哪裡去了！就在這個時候，傑克突然發現地上有一個刻著「M」字的金幣，到底是誰留在這裡的呢？還是先把這個金幣帶走好了，等一下如果遇到別人的話，可以問看看。

就在傑克心裡這麼想的時候，不遠處傳來了「轟轟轟」的沉重腳步聲，哎呀！一隻牙齒好尖好大的恐龍慢慢走了過來，那是可怕的「暴龍」！

傑克趕緊躲了起來，可是還是被暴龍給發現了。

正當害怕的他不知該怎麼辦的時候，突然傳來了妹妹的聲音，原來妹妹竟然跟剛剛那隻無齒翼龍聊起天來！

接著，奇怪又好玩的事情發生了！妹妹竟然騎著無齒翼龍朝著傑克飛了過來，無齒翼龍讓傑克坐在他的身上，然後飛了起來，送兄妹倆回到了樹屋裡面。

可是，暴龍也跟著過來了，在樹屋底下虎視眈眈呢！

「哥哥怎麼辦？我好想趕緊回家，回到我們賓州蛙溪鎮的家哦！」妹妹已經嚇得流出了眼淚，邊哭邊問哥哥說。

呵呵！別緊張，大家猜猜看，他們只要做一件事情就可以回家了！是什麼事情呢？

沒錯！就是在樹屋裡面打開《賓州蛙溪鎮》的書啊！

樹屋一陣旋轉，他們真的回到家了，妹妹和哥哥還發現他們帶了一個紀念品回來了呢！

大家還記得是什麼東西嗎？

深愛理由

神奇樹屋的故事相信大家並不陌生，這可是小天下出版社一鳴驚人的代理作品，也是很多孩子上小學後幾乎都會接觸到的故事。

張爸爸非常喜歡這套故事系列的原因是，書裡透過一對兄妹的眼睛，以及樹屋的神奇旅程，可以讓孩子認識很多不同國家的歷史上，有哪些生物、事件及文化。每一本書都非常有趣，充滿刺激、幽默和機智，讓孩子愛不釋手呢！

進行方式

這個系列的故事，建議可以讓比較大的孩子自己閱讀，如果您是想要講給比較小的孩子聽，請不要照著書中的文字講。

像我講給自己孩子聽的時候，都說傑克和安妮住在「台北」，所以那本《賓州蛙溪鎮》的書就變成了《台北好好玩》，這樣對他們來說比較親切！而且我還故意以妹妹的口吻，幫每隻恐龍取名字，比如說「無齒翼龍」叫做噹噹，「三角龍」就取名叫壯壯，這樣一來，會讓孩子更容易進入故事的情節哦！

再來請注意，最後怎麼回台北，請讓孩子自己講出答案來哦！因為這樣會讓他們覺得超級有成就感的。而且您會發現孩子聽故事的過程中，他們可是會注意到很多大人可能沒注意到的細節呢！

深度互動

不管您是講神奇樹屋系列的哪一本，講完的時候，都可以和孩子討論故事中的那個時代裡面，他們知道或是不知道的很多東西，比如說：**他們還知道那些恐龍呢？這些恐龍喜歡吃些什麼東西呢？**呵呵！您會發現孩子懂的東西，有時候竟然比您還多哩！

出版社精選

小錫兵有一個沒人知道的祕密，
就是他喜歡上了一個可愛的玩具公主，
還常常會躲起來偷看她呢！

勇敢的小錫兵

｜安徒生◎原著、林良◎譯寫、康諾◎圖｜格林文化

張爸爸說故事

在最冷的冬天裡，小男孩從爸爸的手中，接到了一盒禮物，那是一群漂亮的小錫兵。

在小錫兵當中，有一個竟然少了一隻腳，但是可別小看他，雖然少了一隻腳，他可還是一個勇敢的小錫兵呢！

不過這位小錫兵有一個沒人知道的祕密，就是他喜歡上了一個可愛的玩具公主，還常常會躲起來偷看她呢！在玩具國裡，有一個好大的整人小丑，老是想要欺負玩具公主，不過小錫兵都會勇敢的擋住壞蛋，保護他最愛的公主呢！

有一天，小主人帶著小錫兵出門去玩，沒想到竟然把小錫兵掉在地上的水溝裡面，正當小錫兵擔心不已的時候，還好有兩個小男孩做了小船送給他，可是水溝裡的小船卻走錯了方向，不但沒有回家，還把小錫兵給帶進了黑黑的下水道裡面。

在水溝裡，他遇到了可怕的老鼠，逃啊逃，哎呀！最後小錫兵被沖進了河裡，還被一隻大魚給吃下肚子裡。

好玩的是，後來大魚竟然被漁夫釣到，還被小男孩的媽媽買回家了。打開魚肚子以後，媽媽可是嚇了好大一跳！怎麼魚的肚子裡頭會有一個小錫兵在呢？可是沒想到媽媽拿起小錫兵聞了聞，以為是沒有人要的玩具，就決定把他丟進火爐裡燒掉了！

正當小錫兵絕望的時候，玩具公主竟然也飛進了火爐裡面，在熊熊的烈火中，小錫兵和公主都融化了。最後，他們兩個竟然融在一起，變成了一顆銀色的愛心呢！

深愛理由

讀完安徒生的故事，真的會了解到為什麼有人會說那是一種「藝術」。

小錫兵的故事就是一個很好的例子。

主角小錫兵雖然少了一隻腳，但他還是可以成為英雄呢！不只是給了自卑的人勇氣，結局更是那樣的美！

不過，小朋友聽完故事，可能還不太能夠了解其中的哲學涵義。但是沒關係，說故事的過程中，口語描述所帶來的畫面感，已經足以觸動孩子的心靈了！

尤其在這個小錫兵的旅程中，你一定會發現孩子也會跟著緊張呢，雖然結局有些悲傷，但是偶爾讓孩子感動一下，也是不錯的啊！

進行方式

在說這個故事轉折的時候，建議大家不要直接把接下來發生的事情告訴孩子哦！可以讓他們猜猜看**接下來會發生什麼事、會遇到什麼東西，並且幫小錫兵想想解決的方**

法，比如說掉在馬路上會怎樣呢？進了下水道會看到什麼呢？或是掉進河裡又會遇到什麼東西？讓孩子自己去思考並說出答案，您會發現孩子的想像力真是天馬行空呢！

深度互動

這個故事結束之後，可以和孩子一起，讓玩具在家裡也來一場冒險之旅，坐著小火車去臥室，被電風扇吹到客廳，或是不小心掉進浴缸！您會發現，勇敢的不只是小錫兵呢，可能還有小鴨子或是小熊哦！哈哈！

美人魚與拇指姑娘的爸爸——安徒生

1805/4/2～1875/8/4

成就

小說家、短篇小說作家、童話故事作家、詩人。被譽為給全歐洲孩子帶來歡樂的偉大作家。

著名童話作品

《小錫兵》
《冰雪女王》
《拇指姑娘》
《人魚公主》
《國王的新衣》
《賣火柴的小女孩》
《醜小鴨》
《紅鞋》

您所不知道的安徒生

莎士比亞的粉絲?!

安徒生出生在丹麥歐登塞（Odense），父親是一名鞋匠，母親是洗衣婦，家境並不算寬裕。父母親對安徒生的教育採取自由的態度，在母親的鼓勵下，他很早就發揮了想像的才能，不但在家裡搭起了劇場，給木偶做衣服，還閱讀了所有能借閱得到的劇本。很多人不知道，安徒生其實是莎士比亞熱烈的粉絲，甚至還記下了莎翁的所有劇本呢！

能歌善舞的怪咖?!

少年時代的安徒生希望成為一個歌劇演唱家，十四歲那年離開家鄉到哥本哈根，因為歌聲美妙動人，受僱丹麥皇家劇院，可惜不久就因為嗓子壞了丟掉工作。雖然歌唱家的夢想破滅，他還是被荷蘭皇家劇院接納成為舞蹈學徒。不過生性古怪的他，總是白白浪費大好機會，結果離表演工作越來越遠。所幸，到了哥本哈根之後，他的創作活動漸漸的開花結果，終於成為偉大的作家。

哥本哈根的人魚公主

哥本哈根的象徵

位於海濱長堤公園裡的人魚公主青銅像，是哥本哈根的著名地標。這座雕像於一九一二年問世，第一次看到雕像的人，可能會驚訝她比想像中還要嬌小。

童話故事小測驗

Q：你家的小寶貝最喜歡安徒生的哪個故事？

- a 冰雪女王
- b 人魚公主
- c 賣火柴的小女孩
- d 國王的新衣

選a的小寶貝→想像力強，適合聽《夜鶯》P.41
選b的小寶貝→感受性佳，適合聽《勇敢的小錫兵》P.33
選c的小寶貝→富同情心，適合聽《不一樣的小朋友》P.255
選d的小寶貝→觀察力強，適合聽《一半的獎賞》P.249

（實體的身高一百二十五公分，重一百七十五公斤，是丹麥雕塑家艾力克森根據安徒生的作品，於一九一三年用青銅澆鑄而成。）海濱旁的人魚公主雕像，甜美中略帶憂鬱的神情，悲劇女主角的形象深植人心。是來到哥本哈根的遊客必看的景點之一。聽說，這座雕像的模特兒其實是雕塑家美麗的妻子呢。

悲劇人物般的命運

哥本哈根的人魚公主雕像也像童話故事中的主角一樣，命運多舛。這座雕像曾經遭過多次破壞，除了頭、手被鋸壞，竟然還掉進過大海?!不過，人魚公主畢竟是哥本哈根重要的象徵，即使被破壞多次，丹麥政府總是將她尋回，重新精心維修重整。有鑑於人魚公主的雕像被破壞太多次，二〇〇七年哥本哈根的市府官員決定將她遷移到離港口較遠的地方。

Part 2
圖像故事篇

皇帝希望夜鶯能留下來，唱歌給他一個人聽，
還說要送給牠黃金做的籠子住在裡面，
但是夜鶯告訴皇帝，
牠只願意留下來一段時間而已，因為……

夜鶯

—安徒生◎原著、林良◎譯寫、歐尼可夫◎圖—格林文化

張爸爸說故事

很多很多年以前，在中國有一位很喜歡動物的皇帝，他在皇宮的後花園裡面，養了許多特別的動物，像是熊貓、金絲猴、老虎、大象等等。為了能常常欣賞到這些動物，皇帝還特別請了很多宮女，來照顧這些動物。而且還要樂師們，來演奏音樂給這些動物聽呢！

不過皇帝並不知道，在皇宮附近的河邊，住著一隻夜鶯。牠的歌聲非常美妙，甚至連一個忙碌的窮苦漁夫，只要一聽到夜鶯歌唱，都會忘記一天的辛苦。所以，大家都把夜鶯當成他們最好的朋友。

當時，世界各國的旅行家，都曾陸續來到中國，他們被邀請到這位皇帝的皇宮，欣賞皇帝美麗的宮殿和花園。

只要他們一聽過夜鶯歌唱，都會認為夜鶯的歌聲才是世界上最美的聲音，所以這些外國旅行家回家以後，就寫了很多關於中國的故事。當然，他們也不斷在書裡面，歌頌那隻住在河邊的夜鶯的歌聲。

後來，這些旅行家的書，終於來到了愛看書的中國皇帝手上，皇帝坐在他的金椅子上讀了又讀，不斷的微笑點頭，因為那些關於皇宮和花園的細緻描寫，使他讀起來感到非常高興。可是，有件事讓皇帝覺得很奇怪，就是他竟然完全不知道夜鶯的存在！

於是皇帝立即召來大臣，叫他們去把夜鶯趕快帶回來，不然就要處罰這些大臣。

第二天開始，大臣們只好每天一起床，就出門去找夜鶯，找到黃昏的時候才敢回來，可是怎麼找也找不到夜鶯的蹤影。

直到有一天黃昏的時候，大臣們拖著疲倦的身子，回到皇宮，他們在後花園裡碰見一個常常來皇宮裡面幫忙照顧動物的平民小女生。小女生覺得大臣們很奇怪，每天怎麼都一早就出去，黃昏才回來呢？

一問之下，她才知道大臣們原來是在找夜鶯啊！

「哎呀，原來你們要找夜鶯！牠唱歌唱得好好聽呢！不過夜鶯都是在黃昏才出來唱歌，你們早上去黃昏就回來了，怎麼找得到呢！」小女生說。

大臣們一聽，才瞭解到自己的無知，於是趕緊請小女生帶他們去找夜鶯。當一行人走著走著，聽見一頭母牛「哞哞哞」叫了起來。

一位大臣說：「呀！夜鶯的歌聲怎麼這麼奇怪啊！」

「錯了，這是牛的叫聲！」小女生說。

接著，沼澤的青蛙開始「呱呱呱」叫了起來。

另外一位大臣說：「好難聽的夜鶯歌聲啊！」

「唉呀，又錯了啦，這是青蛙的叫聲！」小女生說：「不過沒關係，我想很快我們就可以聽到夜鶯歌唱了。」

果然沒錯，到了河邊的他們，真的聽到了夜鶯的歌聲。

大臣們全部都停下腳步，沒有辦法再往前一步了，因為他們真的覺得夜鶯的歌聲，是世界上最美的聲音了！

「小小的夜鶯！」大臣們高聲的喊：「求求你，我們的皇上希望你到他面前去唱唱歌呢！請你一定要去，不然皇帝會處罰我們呢！」

夜鶯說：「皇帝怎麼可以這樣呢！就算他是皇帝也不能這麼做啊！好吧！我就幫你們的忙，而且我好像從來沒有唱歌給中國的皇帝聽過呢！好，走吧！」

夜鶯飛到了皇宮，在皇帝坐著的大殿中央，人們豎起了一根柱子，讓夜鶯站在上面唱歌。於是夜鶯唱了起來！

因為夜鶯的歌聲真的太美了，讓皇帝聽完後流下了眼淚，他想送給夜鶯很多禮物，但是夜鶯說：

「謝謝您皇帝，您不用送我禮物，因為您的眼淚就是最寶貴、最讓人感動的禮物了！」

皇帝希望夜鶯能留下來，唱歌給他一個人聽，還說要送給牠黃金做的籠子住在裡面，但夜鶯告訴皇帝說，牠只願意留下來一段時間而已，因為牠並不是皇帝一個人的朋友，而且他喜歡自由自在的生活，不喜歡住在籠子裡面。

沒想到，皇帝卻想出了一個殘忍的辦法，他要求大臣們在夜鶯身上綁了一根根絲線——而且他們老是拉得很緊。

這讓夜鶯覺得，雖然自己不是被關在籠子裡面，但是這樣的方式，就像被綁住的風箏一樣，根本一點都不自由，於是夜鶯就變得鬱鬱寡歡。

過了不久，國外的皇帝送來一個禮物，它跟真正的夜鶯長得一模一樣，是一隻機械做的夜鶯，但是這隻夜鶯只會唱一首歌呢！

整個京城的人們，都在談論著這兩隻夜鶯，還有人爭論，到底哪一隻唱得比較好聽，竟然還有官員寫下了這兩隻夜鶯的故事。

夜鶯當然不喜歡這樣的日子！所以有一天，夜鶯咬斷了絲線，回到牠的樹林去了，從此皇帝再也聽不到夜鶯的歌聲，只好每天聽機械夜鶯唱歌。

有一天晚上，這隻機械做的夜鶯身體裡面，忽然發出一種奇怪的聲音，原來有一個零件斷了，歌聲就停止了！而全中國沒有人會修理這隻機械夜鶯！再也聽不到歌聲的皇帝，只好請人去找夜鶯，但是夜鶯當然不願意回來。

結果，因為太思念夜鶯的歌聲，皇帝就生病了，而且越來越嚴重。

有一天，這位可憐的皇帝，突然發現他的胸口上好像站著一個人，睜開眼睛一看，原來是死神！死神戴上了皇帝的金王冠，拿著他的金劍和令旗，準備帶走可憐的皇帝！

就在這時候，窗外突然傳來那個世界上最美麗的聲音，沒錯，就是夜鶯的歌聲！

死神突然停了下來，對著皇帝說：

「這個歌聲真美，我太感動了！」甚至祂也開始哼起歌來說：「唱吧，小小的夜鶯，請繼續唱下去吧！」

「不過，您願意給我那把美麗的金劍嗎？您願意給我那面華貴的令旗嗎？您願意給我那頂皇帝的王冠嗎？」夜鶯問道。

死神便把這些寶貴的東西，統統都交了出來，換取一首又一首夜鶯的歌，於是夜鶯便不停的唱下去。

日出了，死神忘了帶走皇帝，甚至變成一股寒冷的白霧，消逝在窗口了。

「夜鶯，謝謝你！我對你這麼壞，為什麼你還要回來看我？為什麼你還要回來救我呢？」皇帝說。

夜鶯回答：「皇帝您忘了嗎？當我第一次唱歌給您聽的時候，您流下了眼淚，所以您是我永遠的朋友啊！」

「可是，夜鶯你難道真的不能留下來每天唱歌給我一個人聽嗎？」

「皇帝啊！您忘了嗎？我不是您一個人的朋友，我喜歡唱歌給漁夫和人民們聽，我是大家的朋友呢！所以，對不起我要走了，別擔心！我會回來看您的，因為您也是我永遠的朋友呢！」

於是夜鶯就飛走了。

後來皇帝重新出現在人民面前的時候，大家發現他好像變得跟以前不太一樣了。皇帝說：

「謝謝夜鶯！牠救了我，還教了我很多東西。我終於知道，美好的東西不一定是我一個人的，美好的東西也可以是大家的！」

深愛理由

要先跟大家說聲抱歉，因為這個故事，是我大膽的改編了安徒生的原著，主要的目的是希望小朋友也能聽得懂。不過，張爸爸大力推薦大家，一定要珍藏這本繪本。

不只是因為它的故事優美，同時也因為繪者歐尼可夫的畫風，真是太美了！歐尼可夫在畫這本繪本時，加入了大量的中國元素，像是風箏、梅花、史官等等。每一張圖都美的可以做成明信片呢！

進行方式

這個故事其實比較深，如果您是要講給年紀較小的小朋友聽，請注意很多用詞的調整，比如說：「死神」可能就要用「魔鬼大王」來代替，但如果是針對大一點的孩子，這個故事可是非常動人的呢！如果您是說故事志工的話，一定要想辦法將圖像放大讓孩子看到（學校的投影機是很棒的工具呢），因為這本繪本的圖真是太美了！真的很像在看一幅一幅的國畫哦！

深度互動

針對小學生來講這個故事的時候，建議大家可以和孩子一同研究繪本中的一些畫面，因為這個故事裡面，有很多中國文化的東西，可以和小朋友研究分享呢！

這套作品是張爸爸在本書中，
很特殊的一個推薦。
因為……

魔法夜光書

Cristiano Bertolucci & Franceseo Milo ◎文
費魯吉歐．唐奇阿瑞尼 ◎圖
—閣林國際出版集團

張爸爸說故事

這套作品是張爸爸在本書中，很特殊的一個推薦。因為，這套書並沒有明顯的文字敘述。但是它卻是不可錯過的一套遊戲圖像書！因為它以淺顯的文字介紹各種太空奧秘、海洋世界以及動物生態，並利用特殊螢光效果處理了文字與圖片，只要一關上房間的電燈，就會出現令人驚訝的神奇發光世界哦！

這套書有六個系列，大家可以去找找看。

1.《魔法夜光書：動物歷險記》
2.《魔法夜光書：動物進化戰》
3.《魔法夜光書：動物狂歡會》
4.《魔法夜光書：動物爭霸站》

5.《魔法夜光書：太空漫步》
6.《魔法夜光書：海洋尋寶》

深愛理由

大家應該沒有聽過要關燈才能說的故事吧？哈哈！這套書就是這樣。張爸爸以前講給孩子聽的時候就發現，關了燈以後，孩子的反應很有趣。一切都變得神秘而且小心，真的很好玩哦！

進行方式

不過在進行方式裡面，張爸爸要提醒爸爸媽媽，請注意孩子對關燈的反應！如果孩子會怕黑，可以換躲在棉被裡頭翻書哦。這也是有很大的樂趣呢！

深度互動

不知道大家敢不敢試試另一種互動方式，您可以試著跟孩子一起動手，看能不能讓家裡的房間或是一間教室，變得很黑！其實這個過程很好玩。或是借一頂帳棚來，讓孩子躲進去看這套書也不錯哦！

大火車說：

「大火車最厲害，走過鐵橋不怕高。」

小火車說：

「在家裡我走過浴室的浴缸也很高，我也不怕呢！呵呵！」

—瑪格莉特・懷茲・布朗◎文、李奧・迪倫&黛安・迪倫◎圖—台灣麥克

兩列小火車

張爸爸說故事

大火車和玩具小火車是好朋友，可是它們最喜歡鬥嘴了，有一天它們又在吵架了！

大火車說：「大火車最厲害，穿過山洞不怕黑。」

小火車說：「在家裡用一本書當山洞，穿過去我也不怕啊！呵呵！」

大火車說：「大火車最厲害，走過鐵橋不怕高。」

小火車說：「在家裡我走過浴室的浴缸也很高，我也不怕呢！呵呵！」

大火車說：「大火車最厲害，不怕橋下河水轟轟轟。」

小火車說：「浴缸裡的玩具鴨子呱呱叫，我也不怕啊！呵呵！」

大火車說：「大火車最厲害，刷刷大雨我不怕。」

小火車說：「蓮蓬頭沖水我也不怕，還可以洗得很乾淨呢！呵呵！」

大火車說：「大火車最厲害，通過森林快又穩。」

小火車說：「在家裡通過廚房一堆東西，我也快又穩啊！呵呵！」

大火車說：「大火車最厲害，爬上高山不怕累。」

小火車說：「嘿！我爬上家裡的樓梯也不累啊！呵呵！」

大火車說：「大火車到站可要好好休息一下囉！不跟你吵架啦！」

小火車說：「小火車也要回到小主人的房間好好休息一下囉！明天再陪你吵架啦！呵呵！」

深愛理由

這是我和很多家長，以及孩子們都非常愛的一本書喔！文字情節雖然簡單，但是插畫中的趣味，卻是無窮無盡！尤其當第一次大火車和小火車，在山洞對話完畢以後，接下來大家都忍不住會去猜，到底之後小火車會出現哪些好笑的答案呢？

不管猜得對不對，都會讓人大笑，也會更去注意家中所有的小東西呢！因此，在這個圖像故事章節中介紹的插畫繪本，請您趕快去把它們買回家吧！因為張爸爸在文字中，只能盡量讓大家知道大概的故事內容，繪本裡的圖和文字搭配起來，可是更讚的呢！而且，每一次看這些繪本的時候，都會有不同的感覺，相信您和孩子都會愛不釋手哦！

進行方式

正如前面所說，小火車的答案總是讓人驚奇，因此建議您在說這個故事的時候，絕不要馬上翻出，或是說出小火車的答案喔！讓孩子自己去猜猜看，小火車的答案會是家裡的什麼地方或是東西，您會驚訝的發現：

「原來小朋友比我還會猜耶！」

「怎麼有時候，他們猜的還比作者想的還更有趣啊！」像我就碰過說到「森林」的時候，小朋友猜的答案，竟然是爸爸亂七八糟的桌子呢！呵呵！好像還滿有道理的。

深度互動

在這個故事最後還可以跟孩子一起來編故事哦！**比如說家裡或是學校還有哪些大火車和小火車可以吵架的東西呢？**如果換成大飛機和玩具小飛機呢？或是換成大摩托車和玩具摩托車呢？嘿嘿！孩子的創意可是沒有框框的呢！

鳥兒界的歌姬——夜鶯

Nightingale
Luscinia megarhynchos

外　觀

體型約15至16.5公分，赤褐色的羽毛，尾部羽毛呈紅色，肚皮羽毛顏色由淺黃到白色。

名字的由來

跟其他鳥類相比，夜鶯的羽毛顏色並不出眾，但是鳴唱非常悅耳，音域極廣。不同於其他鳥類，夜鶯是少有會在夜間鳴唱的鳥類，所以才有這個名字。

文學作品裡的夜鶯

《奧德賽》中悔不當初的母親

雅頓(Aedon)是底比斯國王澤托斯（Zethus）的妻子，兩人只有一個獨子埃苔洛斯（Itylus）。雅頓因此嫉妒有七個兒子的妮歐碧(Niobe)，試圖殺害妮歐碧的長子，結果卻誤殺了自己的兒子。後來眾神之王宙斯將她變成了夜鶯，她每個晚上都會唱著悲傷的美麗歌曲，來表達對兒子的哀悼與思念。

《夜鶯與玫瑰》中的愛情殉教師

男孩來到花園想要尋找一朵紅玫瑰，好讓喜歡的女孩子戴著參加舞會。但他遍尋花園都找不到紅色玫瑰，樹上的夜鶯聽到了男孩的嘆息，決定犧牲性命，用尖刺插進自己的胸口，將玫瑰染紅。男孩一覺醒來發現一朵美麗的紅玫瑰，高興的拿去送給女孩。誰知女孩竟選擇了大臣侄兒送的珠寶，小夜鶯犧牲生命用鮮血染紅的玫瑰，最後被隨手扔到街上任人踐踏。

歷史上真實存在的偉大夜鶯

提燈天使名字的特殊意涵

克里米亞之役中，南丁格爾在英國軍醫院擔任護士長，她對戰地病患的盡心照顧，使她獲得了「提燈天使」的美名，成為護士的代表人物。這個提燈天使有一個美麗的名字：弗羅倫絲．南丁格爾（Florence Nightingale）。「弗羅倫絲」這個名字來自她出生的義大利城市，拉丁文的意思是「如花朵般綻放的自我」，南丁格爾（Nightingale）剛好又與夜鶯的拼音相同。南丁格爾在夜晚悉心照顧病患、撫慰人心的形象，就像在晚上唱著美妙歌曲，撫慰人們一天疲憊的夜鶯。

白衣天使鮮為人知的另一張面孔

南丁格爾出身自富裕的家庭，擁有比同時代女性更高的教育程度。她很早就展現出在數學方面的天分，尤其是在統計學方面。她發展出一種色彩繽紛的圖表，讓數據看起來更加印象深刻。這種圖表形式有時也被稱作「南丁格爾的玫瑰」。她使用這樣的圖表，來表現軍醫院季節性的死亡率，打動了當時的高層，包括軍方人士和維多利亞女王本人，終於促使戰地醫療改良的提案獲得支持。

配對遊戲

請將下列曾出現過夜鶯的作品，與正確作者配對。

1. 夜鶯　2. 夜鶯與玫瑰
3. 王爾德　4. 奧德賽
5. 安徒生　6. 荷馬

答案：1&5、2&3、4&6

Part 3
親子遊戲篇

1 小紅帽

2 糖果屋

3 大野狼與七隻小羊

4 小猴子的夢想

5 風箏和雨傘

6 虎姑婆爆笑版

「奶奶好，我來看您了哦！還帶了蛋糕來呢！」小紅帽說，

「可是奶奶您的耳朵怎麼變這麼大呀？」

「呵呵！那是為了聽清楚妳說的話呀，小紅帽。」

小紅帽

—格林兄弟

張爸爸說故事

從前有個可愛的小女生，因為她的奶奶送給她一頂小紅帽，她很喜歡戴著這頂帽子到處去玩，於是大家都叫她「小紅帽」。

有一天，媽媽對小紅帽說：「來，小紅帽，這裡有一塊蛋糕，快幫生病的奶奶送去，奶奶吃了這塊蛋糕就會好一些。趁現在天還沒有黑，趕快去吧。在路上要注意，不要隨便跟陌生人講話哦！」

小紅帽答應了媽媽，還和媽媽蓋大拇指，勾勾小指頭呢。

奶奶住在村子外面的森林裡，離小紅帽家有很長的一段路。小紅帽才剛走進森林，竟然就碰到了一隻大野狼。

「小紅帽，妳好啊！這麼早要到哪裡去呀？」

小紅帽忘了答應媽媽的話了，她就告訴大野狼說：「我要到奶奶家去啊。」

「妳奶奶住在哪裡呀？」

「奶奶的房子就在森林的三棵大樹下啊！」小紅帽說。

大野狼在心中想著：「嘿嘿嘿，本來只想吃小紅帽，原來還有奶奶。好，我要把她們兩個都吃掉。」於是牠告訴小紅帽說：「小紅帽，妳看周圍這些花多麼美麗啊！妳應該帶一些花去送給奶奶才對啊！」

小紅帽覺得很有道理，於是她趕緊拿出籃子，開始採集路上的鮮花，準備送給奶奶。

就在此時，大野狼卻直接跑到奶奶家，敲了敲門。

奶奶問：「是誰呀？」

「是小紅帽。」大野狼回答：「我給您送蛋糕來了，快開門哪。」

「妳直接推門就行了，奶奶沒有關門！」奶奶大聲說。

大野狼一推門就衝到奶奶的床前，把奶奶吞進了肚子。然後牠穿上奶奶的衣服，戴上她的帽子，躺在床上，還拉上了窗簾，因為這樣小紅帽進來，就看不清楚了。

這時，小紅帽採好了花，趕緊重新上路去奶奶家。

可是奶奶家的門是打開的，她覺得很奇怪，而且她一走進屋子就發現裡頭黑黑的，奶奶躺在床上，帽子還拉得低低的，把臉都遮住了呢。

「奶奶好，我來看您了哦！還帶了蛋糕來呢！」她說，「可是奶奶您的耳朵怎麼變這麼大呀？」

「呵呵！那是為了聽清楚妳說的話呀，小紅帽。」

「可是奶奶，您的眼睛怎麼也變這麼大呀？」小紅帽又問。

「為了看清楚妳呀，小紅帽。」

「奶奶，可是您的嘴巴怎麼也變這麼大呀？」

「嘿嘿！這樣才可以一口把妳吃掉呀！」

大野狼馬上就從床上跳起來，把小紅帽一口吞進了肚子，可憐的小紅帽和奶奶，就這樣進了大野狼的肚子裡面。

大野狼吃飽了之後，就重新躺到床上去睡覺，還發出了好大的打呼聲。

這時有一位獵人，剛好從奶奶的房子前面走過去，獵人心裡想：「奇怪，裡面的老奶奶之前睡覺的聲音沒有這麼大聲啊！我要進去看看一下。」

他走進了房子，發現躺在那裡的竟然是一隻大野狼！

「你這個壞蛋，我找了你這麼久，真沒想到在這裡找到你！」於是獵人準備向大野狼開槍，可是他突然想到，奶奶應該是被大野狼吞進肚子裡面，而且應該還活著。

於是他趕緊拿出一把剪刀，動手把大野狼的肚子給打了開來，救出了裡面的小紅帽和奶奶，然後他們趕緊跑去搬來幾塊大石頭，塞進狼的肚子裡面。

結果，大野狼醒來之後想要逃走，可是肚子裡的那些石頭實在太重了，牠剛站起來就跌到在地，再也爬不起來了，就被獵人高興的綁了起來，帶回家去了。

而小紅帽，也學到了一課，就是不能隨

便跟陌生人講話喔！

深愛理由

這個家喻戶曉的故事，能夠流傳那麼久，當然有它充滿魅力的地方囉。

其實我研究過，為什麼這個故事會那麼受歡迎，後來發現原來是和卡通「喜羊羊與灰太狼」的結局一樣——可愛的角色永遠能夠化險為夷，然後大野狼總是會有好笑而且倒楣的結果呢！呵呵！

不過，張爸爸得提醒大家一件事情，就是不要把這個故事講得太可怕，到最後讓小朋友變得太過害怕陌生人。

像我分享這故事之後，通常會告訴小朋友說：「如果你的爸爸媽媽在身邊，陌生人和你打招呼，記得要有禮貌的回應哦！不過，如果爸媽不在身邊的話，就不要隨便跟陌生人說話哦！」

這樣的二分法，已經是我能想的到最好的教育方式了。如果各位有其他更好的點子，歡迎來故事屋網站，或是在故事屋的FACEBOOK上面跟大家分享哦！

進行方式

「親子遊戲篇」中的每個故事，都是孩子不能錯過的呢。不過，建議大家不要故事講完就結束了，再陪孩子一同玩一點遊戲，會更加有趣哦！

例如說完這個故事之後，還可以跟孩子玩一下「扮演遊戲」，像是媽媽躺在床上演大野狼，來一段奶奶與小紅帽的對話，之後當然就要來追逐一下囉！

而且，一開始一定要假裝追不到！然後，在結局的地方，就讓孩子躲在你的衣服裡面扮演小紅帽，還可以請爸爸扮演獵人救出孩子，再放其他的故事書當做石頭，哇，這可是超好笑的呢！而且保證百玩不厭哦！

深度互動

這樣熟悉的故事，如果是講給比較小的孩子，我就建議大家深度互動的部分不需太多啦！但如果是志工的話，這個故事滿適合邀請小朋友，一起來演舞台劇哦！

至於針對較大的孩子，張爸爸就會偷用一下外國人的作法了。不知道大家有沒有看過，網路上有說在國外的小學課堂上，曾經有老師和班上同學，討論這個故事裡面的問題點，請小朋友一起研究。比如說：怎麼可能看不出來那是大野狼等等，這其實是不錯的教學方式哦！給大家參考啦！

突然，他們看見一個可愛的小房子就在前面不遠的地方。
一走近房子，發現小房子竟然是用麵包做成的，
屋頂蓋的是蛋糕，窗戶則是一層層透明的糖。

糖果屋

—格林兄弟

張爸爸說故事

在一片大森林前，住著一個樵夫，他有兩個孩子，男孩叫「小漢」，女孩叫「小蕾」。

樵夫是個善良的人，但是後來家中來了一個心地很壞的阿姨，這個阿姨對小漢和小蕾很不好，而且當時因為生活很貧困，所以他們全家常常吃不飽，經常餓肚子。

有一天晚上，那個壞心的阿姨對樵夫說：「明天一大早，我們把孩子們帶到森林裡樹木最茂密的地方，在那兒給他們生起一堆火，每人分一塊麵包，然後咱們就離開，把他們獨自丟在那兒。這樣我們以後就可以不用照顧他們了！」

樵夫說：「我不能這樣做，我怎麼能把自己的孩子扔到森林裡去呢？他們很快就會被野獸吃掉的。」

可是這個壞心的阿姨吵鬧不休，直到樵夫同意才罷休。「但我還是心疼可憐的孩子們呀！」男人嘆息說道。

這時，兩個孩子肚子餓得還沒睡著，阿姨對父親說的話他們都聽見了。小蕾傷心的哭了，對小漢哥哥說：「這下子我們會被野獸吃掉了。」

小漢說：「妳別擔心，我會有辦法的。」

等爸爸和阿姨睡著後，小漢起身穿上外衣，打開房門，悄悄溜了出去。屋外月光皎潔，房子前面白色的小石頭被照得閃閃發光呢。小漢彎腰撿了許多小石子裝進外衣口袋，然後回到床上睡覺。

天剛亮，太陽還沒出來，阿姨就把兩個孩子叫醒了：「快起來，我們要帶你們去森林裡砍柴。」她塞給每人一小塊麵包，說：「這是你們的午飯，別提前吃了，不然就沒有了。」

走著走著，小漢不斷的把口袋裡的小石頭一個一個扔在路上。

他們來到森林深處，父親說：「孩子們，我幫你們生一堆火，免得你們太冷。」

阿姨說：「孩子們，你們躺在火邊休息吧，我們去林子裡砍柴，等一下就回來接你們。」

小漢和小蕾在火堆旁坐下，每人吃了一小塊麵包。他們坐了很久，漸漸疲倦的閉上眼睛睡著了。

當他們醒來時，天已經黑了。小蕾哭著說：「現在我們怎麼走出去呀！」小漢卻安慰她：「只要等一會兒，等月亮出來的時候，我們就能找到回家的路了。」

一輪圓月昇上了夜空，小漢拉起妹妹的手，順著閃著光亮的小石子走，那些小石頭為他們指引著回家道路，第二天一早就回到了家裡。

小漢和小蕾敲敲門，阿姨看到他們時整個人嚇壞了。可是父親很高興，因為把孩子們獨自丟在森林裡，他心裡很難受。

不久，阿姨又想要把他們兩個丟到森林去了。這次小漢又起床，想跟上次那樣，到外面去撿石頭，可是門被阿姨鎖上了，小漢出不去。不過他還是安慰妹妹：「別哭，小蕾，我會想到辦法的。」

第二天清早，阿姨就把孩子們從床上趕了起來，分給每人一塊麵包。在去森林的路上，小漢把麵包在口袋裡捏碎，不時的停下來，把麵包屑一點一點的撒在路上。孩子們這次被帶到森林裡更深的地方，他們從沒來過這裡。

一堆大火又生起後，阿姨就離開了。小蕾把自己的麵包分給小漢一半，因為小漢的麵包都撒在路上了。後來兄妹兩人就睡著了，直到天黑也沒有人來接這兩個可憐的孩子。

他們一醒來，小漢安慰妹妹說：「等月亮昇起來時，我們就能看見我撒的麵包屑了，它會給我們指引回家的路。」月亮爬上了樹梢，他們動身上路，卻怎麼也找不到麵包屑。

原來，森林裡成千隻飛來飛去的鳥兒，早就把麵包屑都吃光了。小漢對小蕾說：「我們只好自己去找路吧。」可是他們走了好久好久還是走不出森林。而他們肚子已經很餓了。

突然，他們看見一個可愛的小房子就在前面不遠的地方。

一走近房子，發現小房子竟然是用麵包做成的，屋頂蓋的是蛋糕，窗戶則是一層層透明的糖。

突然，房門打開了，一個老太太慢慢拄著拐杖，一拐一拐的走了出來。

老太太說：「哎唷，可愛的小朋友快進來吧，我幫你們準備了很多好吃的東西哦！」

說著，她抓起兩個孩子的手，把他們領進小屋。屋裡已經擺上了許多好吃的東西，有牛奶和甜甜的巧克力，還有蘋果和很多餅乾。吃過東西，老婦人還帶他們去房間裡，房間裡面有兩張鋪著白色被單的漂亮小床，小漢和小蕾躺在上面，彷彿在天堂裡一樣。

然而，這個老婦人其實是一個巫婆。她為了引誘孩子們，造了這間糖果屋。一旦孩子進了她的糖果屋，就會被她煮來吃掉。這個巫婆很厲害，但是她有一個缺點，就是她的眼睛很不好，看不清楚，但她卻有很厲害的嗅覺，若有人來了，她馬上就能察覺出來。

所以小漢和小蕾走到附近的時候，老巫婆便知道他們來了，這下子不知道老巫婆會不會把他們吃掉？

清晨，兩個孩子還沒醒，巫婆就起來了。她看著兄妹倆嘿嘿的笑說：「這一定是頓美好的晚餐。」於是她伸出手抓住小漢，把他拎到一個小籠子裡關了起來。小漢醒來了拼命的叫救命，可是卻毫無用處。

老太婆又走到小蕾的床前，把她搖醒，喊道：「起來，過來幫我的忙。我要做很多好吃的東西給妳哥哥吃，等他長胖了，我就要吃掉他。」

小蕾傷心的哭了，但是她只能按照兇狠的巫婆說的去做，每天為可憐的小漢做好吃的東西。

每天早上，老太婆都來到籠子邊，喊道：「小漢，伸出你的手來，讓我摸摸你是不是長胖了。」

但是小漢很聰明哦，他想既然巫婆看不清楚，於是就伸出他的小指頭讓巫婆摸，老巫婆眼睛看不清楚，還以為這就是小漢的手呢！她生氣的說：「怎麼還是這麼瘦？那我要多給你吃一點了。」

一個月過去了，小漢還是都用手指頭來給巫婆摸，巫婆不耐煩了，她不想再等了。

「嘿，小蕾，」她大聲喊道：「快去提水，不管妳哥哥是胖還是瘦，明天我都要把他煮來吃掉。」

妹妹好難過哦！老巫婆說：「哭也沒有用，什麼都幫不了妳。」

第二天一大早，老巫婆把可憐的小蕾帶到火燒得很旺的烤爐前，叫道：「妳爬進去看看火是不是真的燒起來了，我們好把妳哥哥放進去。」

老巫婆其實是想等小蕾進去後關上爐門，把她也烤來吃掉。

但是，小蕾很聰明，猜出來巫婆想要推她進去，於是她說：「老婆婆，可是我不知道怎麼才能鑽進去。」

「妳怎麼連這個都不會呢？」巫婆罵小蕾。

她說：「妳沒看見爐門開得這麼大，我都可以進去了。」說完，她一拐一拐的走過來，把頭伸進爐子裡。

就在這個時候，小蕾趕快用力一推，一下子把老巫婆推進了爐子，然後趕快關上了烤爐的鐵門，結果這個壞巫婆就死掉了。

小蕾趕快去找她的哥哥，她打開了鐵籠的門，喊道：「哥哥，我們得救了，老巫婆死了。」

門一開，小漢趕緊跑出來。兄妹兩人多麼高興啊，互相抱著對方！他們再也不用害怕了。

「現在我們該回家了！」小漢說。他們走了幾個小時，便對周圍的林子漸漸的熟悉起來，終於他們遠遠的望見了父親住的房子。

他們開始奔跑，衝進屋去，緊緊的抱住了爸爸。

樵夫自從把孩子丟在森林裡後，心裡面每天都好難過哦，所以他把那個壞心的阿姨趕走了！而且還每天出去尋找他的孩子們，好在他的孩子終於回來了。

於是，他們的一切苦難就此結束，永遠愉快的生活在一起啦！

小蕾～
妳有看到我丟的麵包屑嗎？
沒有……沒……
不是我吃的……

深愛理由

這個故事不但是經典，而且在國外不只被當成童話故事，那個留下石頭線索的概念，已經被放在很多電影和電視影集中。

同時我非常喜歡那對兄妹面對危險的智慧，雖然真的狀況發生時，沒那麼簡單啦！但我發現孩子聽完之後，其實是會學到不少東西的。

所以，張爸爸建議大家不要只是講完而已哦！請趕快看後面的進行方式，給大家一些不一樣的操作參考哦！

進行方式

這個故事也很適合親子同樂，一起來玩扮演遊戲，遊戲之中，一定要把故事中間的部

分情節演出來哦。

比如說：丟石頭找路，這個不管在家中，或是學校都可以玩哦！麵包的部分也可以操作哦！試著在家裡陽台，或是放學後的教室內外，放一些麵包屑，讓孩子觀察第二天還會剩下來嗎？還是被什麼動物搬走了？哈哈！超級好玩的。

當然，故事最後和巫婆的鬥智，請不要忘記也可以和孩子們來演一下喔。大人可以閉起眼睛來演巫婆，讓小朋友扮演哥哥，伸出手指頭來給您摸，您會發現他們好緊張好好笑呢！

深度互動

在這個故事，我通常會和小朋友討論如果他們是這兩位兄妹，**除了上面講的方法之外，還有哪些東西可以幫他們找到回家的路？此外還有哪些方法也可以打敗巫婆呢？**您會發現現在的孩子可是滿聰明的呢！

上次張爸爸就碰過有小朋友告訴我說妹妹應該把糖果屋裡面的東西到處亂放，讓巫婆一直跌倒，這樣就不用怕巫婆了！呵呵！真聰明。

七隻小羊問說：「請問你是誰？」

大野狼想要騙小羊：「我是媽媽啊。」

七隻小羊回答道：「你是陌生人，我媽媽的聲音，很溫柔很好聽，

而且她的腳是白色的。」

大野狼與七隻小羊

—格林兄弟

羊媽媽要出門了！

出門前，她告訴七隻小羊說：「乖乖在家裡玩哦！但是不要隨便開門讓陌生人進來。」

沒想到，羊媽媽出門以後，門口傳來了敲門的聲音，原來是森林裡面的大野狼呢！

七隻小羊問說：「請問你是誰？」

大野狼想要騙小羊：「我是媽媽啊。」

七隻小羊回答道：「你是陌生人，我媽媽的聲音，很溫柔很好聽，而且她的腳是白色的。」於是大野狼趕緊買了麵粉把腳塗成白色的，又喝了很多水讓自己的聲音變得好聽，然後再次回到七隻小羊的門口。

果然這次小羊們被騙了，唉！一開門大野狼就衝進了七隻小羊的家中，裡面的六隻小羊，全都被大野狼給發現，並且吃進肚子裏了，還好最小的小羊因為躲在時鐘裡，沒有被發現而逃過了一劫。

大野狼飽餐一頓以後，就跑到水井旁邊睡覺了。

這時出去買東西的羊媽媽回來了，她發現怎麼門是打開來的。羊媽媽猜想可能發生了可怕的事情，她冷靜的進入房子裡面，發現了唯一沒有被吃掉的小小羊以後，她們決定去找大野狼並且要救出其他的小羊。

終於，她們在水井邊發現大野狼正在睡覺打呼。於是羊媽媽趁著大野狼睡得很熟的時候，偷偷的將大野狼的肚子用剪刀打開，救出了六隻小羊，然後再將許多石頭裝進大野狼的肚子裡，用針線縫起來，接著就趕緊躲了起來。

這時大野狼醒了，覺得好渴哦，牠走到井邊想要喝水，結果因為肚子裏的石頭太重了，一不小心，大野狼就掉進水井裡去了。

從此之後，七隻小羊終於可以和羊媽媽平安的生活在一起。

深愛理由

會推薦這個故事的原因，是裡面有孩子最愛的捉迷藏遊戲，而且最後救小羊的情節，我要來和大家分享一種好好玩的玩法哦！請大家趕快看下一個部份。

進行方式

故事中間的捉迷藏部分，可以讓孩子在家裡躲躲看，不過請注意安全，這樣可以訓練孩子對家裡東西的觀察力哦！

同時最後救小羊的動作，您還可以用家裡的小枕頭放在自己的衣服裡面讓孩子來救呢。

呵呵！那真是太好笑了，因為小朋友會撲在您身上，真是可愛！

當然也可以增加遊戲的難度，您假裝在睡覺，請他們在救的過程中不能吵醒您哦！您還可以故意翻身增加救枕頭的難度，那可是超級有趣，如果是姊弟或兄妹一起合作的話，就更好玩了呢！

深度互動

如果有一天，有壞人真的跑進了家裡面怎麼辦呢？

這是一個可以和孩子一同討論、思考的故事，也讓孩子學習如何用家裡的環境和東西來保護自己哦！

也許你的孩子也是馬蓋先呢！

（呵呵！這個馬蓋先是誰？如果不知道，請自行上網去查哦！這個人在張爸爸年輕的時候，可是好多人的偶像呢！）

小猴子的夢想

—張爸爸

小猴子想：

「我太瘦了。如果我像大熊一樣，有那麼強壯的手臂就好了。」

小猴子又想：

「我沒有翅膀。如果我像老鷹一樣，有翅膀就好了。」

張爸爸說故事

小猴子在樹上盪來盪去，牠覺得好快樂哦！但是牠盪啊盪啊，突然看到樹底下出現好多動物哦，而且牠發現這些動物們都好漂亮哦。

小猴子想：「我太瘦了。如果我像大熊一樣，有那麼強壯的手臂就好了。」

小猴子又想：「我沒有翅膀。如果我像老鷹一樣，有翅膀就好了。」

小猴子又想：「我沒有花紋。如果我像老虎一樣，有那麼漂亮的花紋就好了。」

小猴子又想：「我的尾巴好細哦。如果我像狐狸一樣，有那麼美麗的尾巴就好了。」

小猴子又想：「我都沒有角。如果我像鹿一樣，有那麼神氣的角就好了。」

小猴子又想：「我脖子好短哦。如果我像長頸鹿脖子那麼長就好了。」

小猴子又想：「我鼻子好短哦。如果我像大象有那麼長的鼻子就好了。」

「可是，可是，我這樣就沒有辦法，在樹上盪來盪去了，因為我一定會卡住的。

還是當自己最好，因為只有猴子才可以在樹上那麼自由自在的玩哦！」

深愛理由

這個故事有沒有帶給您很大的畫面感呢！張爸爸曾經試過不用任何道具，只是用表演的，還邀請孩子一起把故事中的情節表演出來。他們可是開心的不得了。不過，這個故事用表演的還不夠好玩！要怎麼做呢？趕快來看吧。

進行方式

您可以試著請孩子在紙上畫出各種動物來，然後將他們身上特殊的部位用剪刀剪開，用膠帶或是魔鬼黏做成可以分開和結合的狀態。

再次跟大家強調，能做出專業的圖案固然很好，不行也用不著害怕，因為孩子的想像力，可是比大人豐富多了呢！

然後按照故事情節，把這些部位接到小猴子身上，隨著情節的發展，最後可是會出現一隻超級好笑的小猴子呢！

然後再將特殊部分還給各個動物。這樣的過程親子之間一起進行，您會驚訝的發現怎麼半小時很快就過去了呢！

深度互動

每個人都有自己的獨特之處，也要學會欣賞自己！這可是孩子長大後真的要面臨的課題。

所以，建議大家可以和孩子們討論一下，**覺得自己厲害在哪裡？自己喜歡做什麼？自己最不擅長的是什麼？自己最不喜歡什麼？**因為，這些答案都會幫助孩子瞭解自己、也瞭解別人；學會謙虛、也學會自信！

當然，如果孩子夠大，也可以和他分享：爸爸媽媽喜歡什麼、討厭什麼、什麼地方厲害、什麼地方不厲害，把這些這些答案分享給孩子，您會發現意想不到的反應哦！

風箏和雨傘

—張爸爸

雨傘看見地上螞蟻在搬家，對風箏說：

「嘿嘿，快要下雨了！」

風箏看見黃昏的天空紅紅的好漂亮哦，對雨傘說：

「不會下雨了，你先回家吧！」

張爸爸說故事

雨傘最喜歡下雨了。
風箏最不喜歡下雨了。
雨傘看見燕子和蜻蜓，飛得好低好低，對風箏說：
「嘿嘿，快要下雨了，你回家去躲起來吧！」
風箏看見天空藍藍的，一點雲也沒有，對雨傘說：
「嘿嘿，不會下雨了，太陽要出來了，你回家去吧！我要去和小朋友玩了！」
雨傘看見天空的雲飄了過來，而且是黑黑的雲，空氣也好悶哦。對風箏說：
「嘿嘿，快要下雨了，我要出來陪小朋友回家了，你躲起來吧！」
風箏看見早上有霧哦，而且霧慢慢變不見了，對雨傘說：

「嘿嘿，不會下雨了，我要去天上找雲玩了！」
雨傘聽見天上有打雷的聲音，對風箏說：
「哦哦，要下雨了，你要小心哦，不要被閃電打到哦！」
風箏看見晚上的星星好亮哦，對雨傘說：
「哈哈，明天會是好天氣，我又可以出去玩了！」

雨傘看見地上螞蟻在搬家，對風箏說：
「嘿嘿，快要下雨了！」
風箏看見黃昏的天空紅紅的好漂亮哦，對雨傘說：
「不會下雨了，你先回家吧！」

哇！天空的雲，邊邊都毛毛的，
天空變得紅紅的耶！

風箏和雨傘一起說：

「哦哦，這樣我們兩個都要回家。因為……明天可能會刮颱風哦。這樣的天氣，我們都回家休息吧。」

深愛理由

大自然的故事，一直是很適合和小朋友分享的。這個故事用了一種小朋友的語言來表現。而且，張爸爸很早就發現，小朋友對故事中主角之間鬥嘴的情節，都會覺得很好玩。所以，您也可以試試看。同時，這個故事的結尾，可是會讓孩子和大人都恍然大悟會心一笑的呢。

進行方式

請爸媽或志工將故事中的兩位主角：風箏和雨傘！做出來吧。可以用厚紙板或是一般的色紙來做。好玩的地方是，您可以告訴孩子，今天故事的主角我們要自己來做。然後，拿出幾張大的圖畫紙或是學校的黑板或白板就更讚了！請孩子隨著故事的情節，將風箏與雨傘對話中的天氣和情況畫出來。哇！保證好玩。而且，請大家要注意，下次走到外面去，如果孩子告訴您明天天氣會怎樣，別嚇一大跳！因為，您真的會發現孩子的學習及記憶能力有多厲害呢！

深度互動

這個故事的深度互動大概是這本書裡面最麻煩的處理了！建議大家把孩子畫出來的圖，放在車上、或是放在教室的後方。請記得這件事情，因為可以搭配天氣的變化，拿出來給小朋友對照看看！那可是非常有趣的體驗課程哦！

阿香拿了一張椅子給虎姑婆請牠坐下來。

但是虎姑婆說：

「不用不用！姑婆屁股痛，坐在水缸比較舒服。」

虎姑婆爆笑版

—佚名

張爸爸說故事

很久很久以前，在一座很高的山上，住著一隻老虎精。牠是一個妖怪！最喜歡吃小孩子了。有一天，虎精到了山下，又想找小朋友來吃。於是牠偷偷的溜進了一個村莊裏面，看到有一家的門口剛好打開來，是一個媽媽拿著菜籃正要出去，老虎趕緊偷偷躲到旁邊的欄杆後面偷聽。

媽媽說：「阿香、還有阿旺，你們兩個要乖乖的在家裡哦！媽媽要去親戚的家，好幾天才會回來，等一下姑婆會來哦。只可以讓姑婆進來，如果有陌生人來敲門，不可以讓他們進來。」

阿香和阿旺點點頭，聽話的把門給關了起來。老虎精聽到了媽媽的話，於是，牠念了個咒語把自己變成一個老婆婆的模樣。過了一會兒就去敲門說：

「小朋友快來開門，我是姑婆啊！」

阿香和阿旺以為是姑婆來了，就開門讓虎姑婆進來。可是虎姑婆進來以後，阿香覺得虎姑婆看起來怪怪的，就問虎姑婆說：

「姑婆姑婆，您為什麼全身都是毛啊？」

「因為姑婆年紀大了，所以才會長很多毛啊！」

「姑婆姑婆，您為什麼牙齒那麼尖呢？」

「因為姑婆老了，牙齒要磨尖一點才可以吃東西啊！」

接下來，阿香拿了一張椅子給虎姑婆請牠坐下來。但是虎姑婆說：「不用不用！姑婆屁股痛，坐在水缸比較舒服。」

哈哈！小朋友你們知道為什麼虎姑婆要坐在水缸上嗎？因為虎姑婆的尾巴很長呢！

過了一會兒，虎姑婆說：「阿香、阿旺，現在很晚了，我們一起去睡覺吧。阿香妳自己睡一張床，阿旺還小，所以姑婆我陪阿旺睡覺。」

可是睡到半夜的時候，阿香突然聽到一個聲音，原來是姑婆在打嗝的聲音，她偷偷看了一下，ㄟ？阿旺怎麼不見了?!虎姑婆走了過來，變回了老虎的樣子！

阿香趕快想逃，可是一下子就被老虎精給抓住了！老虎精說：「嘿嘿！別想逃，妳的弟弟已經被我吃掉了，等一下再來吃妳。」

阿香好害怕呢！可是，她得趕快想出一個辦法才行，怎麼辦呢？

突然，阿香想到了！她跟虎姑婆說：「老虎精！可是我現在好想尿尿哦！你讓我先去尿尿，不然等一下我如果嚇得尿尿了，那你吃起來就會很臭哦！」

老虎精說：「嗯！妳講的也有道理。好吧！但是我要用繩子把妳綁起來，這樣妳才不會逃走！」於是老虎精拿出了繩子把阿香給綁了起來，然後一隻手握著繩子。

阿香走到了屋子外面，趕快把繩子解開，綁在一根廁所的柱子上。然後，趕快躲到一棵大樹上。老虎精發現怎麼阿香好久沒有回來，拉了拉繩子，發現怎麼繩子都拉不動，於是順著繩子去找，才發現阿香不見了！老虎精好生氣呢！於是牠大聲的喊：

「阿香、阿香，妳別高興的太早，明天晚上我再回來吃妳！」

阿香等老虎走遠了才敢下來，可是她不知道要怎麼辦才好呢？只好坐在路邊哭了起來。

就在這個時候，一個賣東西的叔叔走了過來，聽完阿香的遭遇之後，那個叔叔說：

「阿香，叔叔因為有事情沒辦法陪妳，但是叔叔給妳一包針！妳把它插在妳們家的門上，這樣老虎來敲門的時候，因為晚上看不清楚，一定會受傷的！就沒辦法欺負妳了。」

阿香向叔叔說了聲謝謝！

這時候，又有一個推著推車的阿伯走了過來。聽完阿香的遭遇之後，那個阿伯說：

「阿香，阿伯因為有事情沒辦法陪妳，但是阿伯給妳一個大石頭。妳把它擺在妳們家的門上，這樣老虎如果跑進來，一定會被敲到受傷的！就沒辦法欺負妳了。」

阿香向阿伯說了聲謝謝。

這時候，又有一個賣綠豆湯的老公公走了過來。聽完阿香的遭遇之後，那個老公公說：

「阿香，老公公因為有事情沒辦法陪妳，但是我給妳一包綠豆，妳把它灑在妳們家的地上，這樣老虎如果跑進來，一定會跌得亂七八糟受傷的！就沒辦法欺負妳了。」

阿香向老公公說了聲謝謝。

阿香拿著大家給她的東西回到家。她決定鼓起勇氣對付那隻壞老虎！於是阿香把針插在大門上、把綠豆灑在地上、把大石頭放在廚房的門上面！準備好了以後躲在廚房裡，就等老虎精來。

果然，不久以後，老虎精來了！牠大聲的喊：

「阿香妳趕快出來！我要把妳吃掉！」

阿香也大聲的在廚房裡面說：

「我才不要呢！你想吃我自己想辦法進來啊！」

於是老虎後退了幾步決定把門給撞開。結果，啊啊啊！一撞到門以後，雖然門被撞開了，但是牠也痛得在地上打滾！因為老虎精被針扎得好痛啊！老虎全身都受了傷。

牠很生氣的衝了進去，結果踩到了滿地的綠豆！老虎根本就站不住，東撞了一下桌子、西撞了一下椅子，然後跌了個四腳朝天。頭也撞到了地板、腰扭傷了、也摔傷了！老虎生氣的站起來，一拐一拐的看阿香在哪裡，阿香站在廚房門口的後面對著老虎精做鬼臉呢！

老虎精用力的去推廚房的門，阿香趕快後退，哈哈！廚房的門一被撞開，門上的大石頭就掉了下來，打到了老虎精的頭！結果老虎精就被打昏了！阿香趕快跑出去找鄰居們來幫忙，大家趕快把老虎給綁起來，然後打開牠的肚子把弟弟給救了出來！剛好媽媽也回來了，大家都覺得阿香真的很勇敢很聰明呢！

深愛理由

虎姑婆可說是台灣民間傳說裡面家喻戶曉的故事。而且應該也是嚇小孩第一名的故事吧?!哈哈！不過，張爸爸建議大家不要把情節說得太恐怖啦，這樣是會讓孩子真的被嚇到的。所以，張爸爸特別做了一些改編，讓它變得更好笑、也讓孩子更容易跟說故事的您互動。所以，請別擔心，一起來玩這個故事吧！

進行方式

其實像這樣情節的故事，國內外都有。不過，張爸爸曾經在家裡和孩子玩過一種遊戲，就是把真正的情節演出來，針的部分因為太危險，當然不能操作。不過，綠豆和大石頭卻可以和小朋友玩一下扮演的遊戲。買一些綠豆（您應該知道是沒煮過的吧？因為當年我兒子竟然問我要不要先煮成綠豆湯再灑，害我笑到摔倒呢！）真的讓孩子踩踩看！不過當時我們發現，人類的腳是不會因為綠豆滑倒的！只好推演老虎的腳和人類不一樣吧？哈哈！因為總不可能牽一隻老虎回來試試看！

至於大石頭，那可就好玩了！我們是將一個禮拜的

報紙捏啊捏、捏啊捏，加上膠帶，真的做了一顆大石頭出來！然後把它放在門上，玩起角色扮演的遊戲。哈哈！我兒子可是笑到不行！只是可憐我這個老爸，因為應觀眾要求，大概演了八九遍……

深度互動

到底家裡面有那些東西，是可以拿來使用打敗壞人呢？這個故事的深度延伸，就建議大家和孩子討論一下吧。其實在這樣的發現過程裡面，也會讓孩子瞭解很多東西的危險性呢！

最受小朋友喜愛的兄弟檔——格林兄弟

哥哥 雅各布
1785/1/4~1863/9/20

弟弟 威廉
1786/2/24~1859/12/16

成 就

德國19世紀著名的童話搜集家、語言文化研究者。

蒐集作品

《白雪公主》
《睡美人》
《長髮姑娘》
《灰姑娘》
《糖果屋》
《名字古怪的小矮人》
《青蛙王子》

保留德國民間文化的功臣

偉大的童話收集家

格林兄弟生於德國，兄弟倆學的是法律，卻對文學產生興趣。對他們而言，流傳在鄉野間的童話，最能表現日耳曼民族蓬勃堅韌的生命力。他們從一八〇六年開始進行民間故事蒐集與編整的工作，當時正值拿破崙大軍壓境，幸虧有兄弟倆的努力，德國的民間文化才能夠保存下來。格林兄弟雖然不是童話的創作者，但是他們為採集整理童話付出的辛勞，對民間文學的研究貢獻極大。

彼此互補的好兄弟

格林兄弟兩人感情相當好，雖然個性迥異，卻能夠彼此互補。這一點也表現在兩人的民間故事蒐集編整的工作上。哥哥雅各布是治學嚴謹的史學家，重視的是忠於口傳的原貌；弟弟威廉卻是位溫文儒雅的文獻學者，注重文字的趣味。威廉的妻子亨麗埃特，還是小時候跟兄弟倆講述《小紅帽》故事的玩伴呢。後來雅各布一生未婚，但兄弟間的往來仍舊相當密切。

您所不知道的《格林童話》

壞心腸的皇后其實是……

聽說，在格林兄弟第一版的《格林童話》中，一心想殺害白雪公主的壞心腸皇后其實是公主的親媽媽?!

初版《格林童話》推出時，格林兄弟收到了許多讀者的反應，認為親生母親想要殺害女兒的情節太過血腥殘暴，這樣的內容無法說給小孩子聽。後來，第二版發行時，就改成公主的生母去世，國王迎娶新皇后的情節。格林兄弟每改版一次，就會將兒童不宜的部份刪除，終於成為現今通用的《格林童話》。

中國也有灰姑娘?!

格林童話中，《灰姑娘》也是大家耳熟能詳的故事。不可思議的是，中國在更早以前就有與《灰姑娘》類似的故事。唐代筆記小說《酉陽雜俎》中，有個葉限的小姑娘跟後母處得不太好，有一次葉限得到一條有靈性的金魚，卻被後母施技吃掉。傷心的葉限聽從神仙指示把魚骨埋了起來。有一天，後母及姊姊去參加盛會，葉限向魚骨要求自己也想去，結果竟然出現了美麗的衣服與飾品，讓她能去參加盛會。至於後面掉金鞋、尋找鞋子主人、跟王子結婚等劇情，也都跟《灰姑娘》雷同呢！

趣味問答

Q：猜猜看，下面哪個童話故事的女主角是德國人？

a. 白雪公主
b. 賣火柴的小女孩
c. 灰姑娘
d. 人魚公主
e. 睡美人
f. 小紅帽

答案：a、c、e、f 這幾個故事都是格林兄弟收集的民間童話，所以這些故事裡的女主角都是德國人。

Part 4
年節故事篇

許仙回家之後，趁著白娘子和青青睡著的時候，
偷偷的拿出了有魔法的大碗，
把白娘子和青青罩在碗中，
馬上她們便現出了原形。

端午節之白蛇傳

—佚名

張爸爸說故事

很久很久以前，有一位賣藥的年輕人名叫許仙，有一天他去西湖邊散步的時候，遇見了二位很美的姑娘，不過當時許仙並不知道，關於她們二人的秘密。

其中一個穿白衣服的女孩子，叫做白娘子，她是一條白蛇變成的，另一個穿藍色衣服的，叫做青青，則是一條青蛇變成的。

湖邊突然下起了大雨，許仙很好心的為她們撐傘，於是三個人共用一把傘，一同在船上避雨。下船後許仙把雨傘借給白娘子，兩個人因為這件事情，變成了好朋友，最後他們還結婚了。

結婚以後，在端午節的那一天，許仙拿出雄黃酒給白娘子喝，結果白娘子喝了酒以後就睡著了，但是因為蛇是怕雄黃酒的，結果白娘子受不了雄黃酒的刺激，變回了原來蛇的樣子，許仙回家撞見自己的妻子竟是蛇精，差點被嚇壞了！他一時以為白娘子是要害他，於是趕緊去找當時一個法力很厲害的和尚「法海」幫忙。法海和尚把一個很大的碗拿給許仙，教許仙把這個碗罩在白蛇的頭上，就可以收服那隻白蛇了。

許仙回家之後，趁著白娘子和青青睡著的時候，偷偷的拿出了有魔法的大碗，把白娘子和青青罩在碗中，她們馬上便現出了原形。

白娘子雖然變成了蛇的樣子，但是她在大碗裡哭著對許仙說：「許仙啊！我雖然是蛇變成的，但是我並沒有害你啊！而且我現在肚子裡面已經有了你的小寶貝了！」

許仙想了一想，對啊！其實白娘子和青青從來都沒有害過他啊！於是他決定將她們放了出來，還將大碗拿去還給了法海。

可是法海決定把許仙關起來，因為他把白娘子當成了壞人，不想他們團聚。白娘子為了救回許仙，和青青一道跟法海鬥法，把西湖的水引來，淹沒了法海住的金山寺。

但是白娘子已經懷孕了，所以她沒有辦法施出所有的魔法，最後，因為體力不足，被法海打敗了，還被壓在雷峰塔下。

青青逃走後跑到了山上去修練，再次回到金山，還好最後鬥贏了法海，法海無處可逃，身穿黃色的僧衣，逃進了螃蟹的肚子逃走了，於是許仙夫婦終於能團圓了。

後來法海把大碗放在雷峰寺前，用石頭砌成了一個七層的寶塔，取名叫雷峰塔，人們也因為這個故事，在端午節那天就會喝雄黃酒。

聽說這也是為什麼螃蟹的肚子裡面，會是黃色的原因哦！

深愛理由

白蛇傳這個故事，怎麼可以不說給孩子們知道呢！記得之前張爸爸帶一家大小去大陸玩的時候，到了西湖還再說了一次這個故事呢！孩子們聽得眼睛睜得大大的，而且當我說到白娘子把西湖的水，變成大浪施法的片段，他們覺得真是不可思議呢！而且旁邊剛好就是雷峰塔，更是增加了故事的立體度，哈哈！

進行方式

年節故事有趣的地方，就是配合節慶來說，那會很有感覺呢！雖然端午節這樣的節日，在台灣好像越來越沒有感覺了，不過在炎熱的夜晚，建議您吃完粽子之後，可以和孩子到外面的中庭廣場，說這個故事給他們聽。

至於說故事的志工們，建議可以試試看辦個活動，大家帶粽子一起到戶外，說這個故事，保證您會發現自己真是超像古時候的說書人，記得手上再拿把扇子，更能增加樂趣哦！

深度互動

您可以和孩子一起來查資料，找找看端午節其他習俗的由來哦！比如說：**為什麼要**

插艾草？或是吃粽子？這些都有故事的呢！小朋友找到以後，再跟爸媽或是同學一起分享，也是很棒的延伸活動哦！

貓咪開了門「喵」的嚇了一大跳！
因為小老鼠花花和拉拉打扮得真是太可怕了！
於是貓咪趕快給了老鼠好多好多貓形狀的糖果，
花花和拉拉得意的轉頭回去了。

萬聖節之嚇人大王

—張爸爸

張爸爸說故事

一年一度的萬聖節又來了，街上好熱鬧啊！住在獵人家裡的小老鼠花花和拉拉，也在布置牠們自己的家，但是花花和拉拉希望今年的萬聖節，可以有一些不一樣的地方，希望不只是穿著魔鬼的衣服和戴上可怕的面具去要糖果而已。終於，花花想到了一個好好玩的點子。牠跟拉拉說：「拉拉，今年的萬聖節，我們去嚇每次都欺負我們的貓咪好不好啊？」拉拉說：「可是妳不怕貓咪把我們吃掉嗎？」

花花說：「嘿嘿！別擔心，我們只要裝扮得很可怕，搞不好，貓咪還會被我們嚇一跳呢！」拉拉說：「好ㄟ，這樣好像很好玩呢！」於是牠們把自己打扮得好可怕呢！走到了貓咪的家前面，敲了敲門，大聲的唱起萬聖節的歌：「**不給糖就搗蛋，我的腳ㄚ給你看！**」

貓咪開了門「喵」的嚇了一大跳！因為小老鼠花花和拉拉打扮得真是太可怕了！於是貓咪趕快給了老鼠好多好多貓形狀的糖果，花花和拉拉得意的轉頭回去了。

可是貓咪突然看到了老鼠的尾巴，貓咪好生氣呢！竟然被兩隻老鼠給嚇了。於是貓咪心想：「那我也要去嚇人。有了，每次隔壁那隻大狗都叫得好大聲，把我嚇死了！看我的厲害，我要把自己打扮得很可怕去嚇他。」

於是，喵咪把自己打扮得好可怕哦！走到了大狗家的門口，敲了敲門，大聲的唱起萬聖節的歌：「**不給糖就搗蛋，我的腳丫給你看！**」

大狗開了門「汪」的嚇了一大跳，因為貓咪打扮得真是太可怕了！於是大狗趕快給了貓咪好多好多的狗形狀糖果，貓咪得意的轉頭回去了。

可是大狗突然看到了貓咪的尾巴，大狗好生氣呢！竟然被牠最討厭的貓咪給嚇了。於是大狗心想：「那我也要去嚇人。有了，每次山上那隻大野狼都故意來吃主人的羊，我好討厭牠，看我的厲害，我要把自己打扮得很可怕來去嚇他！」

於是，大狗把自己打扮得好可怕哦！走到了山上大野狼住的山洞門口敲了敲門，大聲的唱起萬聖節的歌：「**不給糖就搗蛋，我的腳丫給你看！**」

大野狼開了門「啊嗚」的嚇了一大跳，因為大狗打扮得真是太可怕了！於是大野狼趕快給了大狗好多好多的野狼形狀糖果，大狗得意的轉頭回去了。

可是大野狼突然看到了大狗的尾巴，大野狼好生氣呢！竟然被那隻大狗給嚇了，於是大野狼心想：「那我也要去嚇一個人。有了，每次都會有一個獵人來山上，我上次差點就被他的箭給射中。哈哈，我要把自己打扮得很可怕去嚇他。」

於是，大野狼把自己打扮得好可怕哦！走到山下獵人住的地方敲了敲門，大聲的唱起萬聖節的歌：「**不給糖就搗蛋，我的腳丫給你看！**」

獵人開了門「啊」的嚇了一大跳，因為大野狼打扮得真是太可怕了！於是獵人趕快給了大野狼好多好多的人類形狀糖果，大野狼得意的轉頭回去了。

可是獵人突然看到大野狼的尾巴，獵人好生氣呢！竟然被那隻大野狼給嚇了。於是獵人心想：「那我也要去嚇人。有了，每次我們家住的那兩隻老鼠跑出來都會把我嚇得亂七八糟。說起來真丟臉，可是，我就最怕老鼠了！哼！我要把自己打扮得很可怕去嚇這兩隻老鼠。」於是，獵人把自己打扮得好可怕哦！彎下腰來，到老鼠的小洞前面敲了敲門，大聲的唱起萬聖節的歌：「**不給糖就搗蛋，我的腳丫給你看！**」

花花和拉拉正在開心的聊天，一開門「吱」的嚇了一大跳！因為人類獵人打扮得真是太可怕了，於是老鼠趕快給了獵人好多好多老鼠形狀的糖果，獵人開心的睡覺去了。

花花和拉拉看著離開的獵人，摸自己的頭說：「呵呵，怎麼自己也被嚇到了呢！真是太好笑了吧！不過，萬聖節嚇人真好玩呢！」

深愛理由

這個故事是張爸爸第一次為萬聖節這樣的西洋節日，所撰寫的故事。

當初在故事屋裡面講的時候，每次只要到了唱歌的時候，哇，整個房間的孩子都會大聲跟我一起合唱：「**不給糖就搗蛋，**」然後再把腳抬起來大聲說：「**我的腳丫給你看！**」真是太可愛了！後來聽爸爸媽媽跟我說，他們回到家竟然一路上還在唱呢！所以，萬聖節的時候，請您也把這個好玩又好笑的故事，和孩子分享吧！

進行方式

這個故事的重點，當然是萬聖節的嚇人歌。所以，一定要記得邀請孩子跟著故事中的主角一起唱，也建議大家，可以請孩子扮演每種動物嚇人，或是請他們自己做衣服來嚇人。如果正好是萬聖節那一天，就可以出去大遊行呢！如果您是說故事志工，可以和附近的店家先講好，讓孩子感受萬聖節的要糖樂趣哦！

深度互動

和端午節一樣，我也建議大家去找關於萬聖節習俗的故事，因為萬聖節還有其他有趣的習俗故事，等著大家去找答案，像是為什麼要打扮得很可怕？還有很多國家萬聖節的習俗也不一樣喔！當找出答案和班上同學分享的時候，會讓孩子感到很有成就感呢！

聖誕節之聖誕小公公

—張爸爸

聖誕老公公給小朋友的明信片上，

正面是聖誕老公公躺在床上擤鼻涕的照片，

看起來好像是生病了。

後面寫著……

聖誕節之聖誕小公公

張爸爸說故事

開始下雪了，一年一度的聖誕節快到了。羽欣好喜歡聖誕節哦！因為每到聖誕節，她都可以收到聖誕老公公送給她的聖誕禮物呢！所以像往常一樣，在聖誕夜裡她很早很早就趕快跑上床，因為羽欣知道，只要一到了晚上，聖誕老公公會在她睡著的時候跑來哦！

可是，突然從好高好高的天上，跟著白白的雪，掉下來一張一張的明信片。她把信拿起來看，才發現原來是聖誕老公公，寄給所有小朋友的一封信。

明信片的正面，是聖誕老公公躺在床上擤鼻涕的照片，看起來好像是生病了。後面寫著：

「親愛的小朋友們，對不起！聖誕老公公我生病了，所以，今天我想邀請五個小朋友來幫我的忙，送禮物給全世界的小朋友。想幫忙的小朋友請念下面這個咒語：

「『聖誕聖誕！聖誕快樂！』」

羽欣看到聖誕老公公生病了，覺得好難過啊！她決定一定要幫聖誕老公公的忙，於是她對著下雪的天上大喊：「聖誕聖誕！聖誕快樂！」

突然，羽欣的身體輕飄飄的飛了起來，而且越飛越快！越飛越快！穿過了覆蓋白雪的大地，過了好久好久，身體輕飄飄的往下掉，降落了。

羽欣看到前面有一棟好可愛的房子哦！敲了敲門，裡面傳來了一個老公公的聲音：「咳咳咳，請進請進。」她一進去就發現，有其他四個來自各個國家的小朋友，加上羽欣總共有五個人呢！

聖誕老公公躺在床上戴著口罩，他咳了幾聲，對著小朋友們說：「謝謝你們來聖誕老公公的家裡，我生病了，可不可以請你們幫忙我去送禮物給小朋友們？」

羽欣和其他的小朋友們都開心的說：「好啊好啊，沒問題。」

聖誕老公公說：「那麼，現在要請你們幫我去做幾件事哦！

「第一件事：請一個小朋友去幫我，把所有的禮物，都裝到大袋子裡面。

「第二件事：請一個小朋友幫我，把聖誕老公公的衣服改小一點，給等一下負責送禮物的人穿。

「第三件事：請一個小朋友幫我，把一年都沒有用的雪橇，擦乾淨準備好。

「第四件事：請一個小朋友幫我，把馴鹿給餵飽，因為他們等一下會很辛苦的。」

四個小朋友開心的答應了聖誕老公公，一起去做準備工作了。

羽欣在旁邊看著忙碌的大家，有點害羞的問聖誕老公公說：「老公公，請問我要做什麼呢？」

老公公摸摸羽欣的頭說：「呵呵呵，別緊張，今年老公公生病了。所以，妳要來當聖誕小公公！」

哇！原來是這這樣。太開心了，趕快開始幫忙吧。

一個小朋友把所有的禮物都裝到大袋子裡面，另外一個小朋友把聖誕老公公的衣服改得好小好可愛哦！一個小朋友把馴鹿給餵得飽飽的，另外一個小朋友把雪橇給整理得乾乾淨淨。

等到所有的東西都準備好了以後，羽欣向著聖誕老公公和其他小朋友說：「聖誕老公公和大家放心吧！請你們幫忙照顧聖誕老公公，我會加油的！」

羽欣穿起了聖誕老公公的衣服，哈哈！看起來還是好大件哦！站上了雪橇，對著麋鹿們說：「走吧，出發了！」麋鹿飛上了夜晚的天空，聖誕老公公趕緊拿出了照相機幫羽欣照相！其他小朋友則在雪地的屋子前，和羽欣揮手說再見呢！

這真是一個忙碌的晚上，羽欣駕著雪橇，飛遍了全世界每個地方，爬進了每個小朋友家的窗戶和煙囪。趁著小朋友睡著的時候，送給了他們每人一個好棒的禮物，也喝了小朋友們為她準備的牛奶哦！還有一個小朋友不小心看到了羽欣，他揉揉眼睛說：「嗯，奇怪！今年的聖誕老公公怎麼變小了ㄟ？」

哈！害得羽欣趕快爬上煙囪，駕著雪橇逃走了，因為聖誕老公公可是不能被看到

的呢！

終於送完了所有的禮物，羽欣就快要回到聖誕老公公的家。可是她突然想起來，禮物全部都送完了，那麼她今年不就沒有禮物了嗎？真是有點難過，但是想到小朋友明天都會很開心，她也跟著開心了起來。

總算到了聖誕老公公家，一推門進去，就發現聖誕老公公和其他的小朋友大聲的對她說：「謝謝羽欣，聖誕快樂！」在聖誕老公公的家裡，準備了豐盛的聖誕大餐，而且每個人的手上都有聖誕老公公為大家準備的額外禮物呢！

突然大家拿出了一張好大的照片，那是羽欣駕著雪橇出發的時候，聖誕老公公幫她拍的相片。羽欣好開心哦！照片裡面的她好神氣哦！這真是最棒的聖誕禮物了。於是她用力的親了聖誕老公公一下，大聲的對著大家說：「謝謝你們，聖誕超級快樂！」

深愛理由

這個故事，是張爸爸當年為了女兒，所寫的一個聖誕節故事，所以裡面主角的名字，就是我女兒的名字，這可是讓她非常得意哦！（還有另一個故事則是為了兒子寫的，如果有機會再和大家分享。）而且，在這個繪本當中最後還做了一個飛翔的聖誕小公公相框，放進了她的照片。呵呵！她覺得她真的變成了聖誕小公公了呢！

進行方式

請您也告訴孩子，這個故事是為他寫的吧！相信他們一定會很開心的，作法很簡單，就是將主角的名字，換成您的寶貝的名字，如果您是故事志工，就換上一個最容易被忽視的孩子的名字吧！

「奇怪哩，為什麼故事主角的名字會跟我一樣？」

小朋友一定會這樣問您，就假裝不知道吧！然後別忘了，在故事進行中，和孩子一起來演故事裡的小朋友為聖誕老公公所做的事情以及動作，相信小朋友一定會玩得很開心哦！

深度互動

故事中，因為生病沒辦法親自送禮物的聖誕老公公，到底請五位小朋友做了哪些事情呢？請帶著孩子們，將這些一一完成吧！可以在家裡或是教室裡面，布置一個聖誕袋子，然後請小朋友帶禮物來放進去，接下來做出勞作的雪橇（可以用椅子來做），然後換孩子來扮演聖誕小公公，發禮物給爸爸媽媽。

而且請班上的小朋友們記得要照相，這樣會非常有聖誕節氣氛哦！

過年之年獸的由來

—佚名

除夕夜又到了，村長領著老老少少上山避難去了，

只有住在村子的一個老婆婆，

因為唯一的兒子之前被年獸吃了，

一個人既孤單又難過，所以無論如何也不肯走。

張爸爸說故事

古時候，「年」其實是一種很可怕的獨角怪獸。牠很怕熱又愛睡覺，平時住在深深的海底，一睡就是一年，直到過年的前一天，牠才醒過來，從海裡爬到陸地上來找東西吃。只要年獸一出現，凡是人啊、動物啊，只要被牠看見，全都會被吃得精光，因為牠已經好久沒吃東西，餓得發慌，所以人們對年獸害怕極了，每到冬天，就開始準備食物，好在年獸上岸前躲到山上去避難。

這一年，除夕夜又到了，村長領著老老少少上山避難去了，只有住在村子的一個老婆婆，因為唯一的兒子之前被年獸吃了，一個人既孤單又難過，所以無論如何也不肯走，村民們因為正要趕緊上山躲年獸，也沒辦法幫她。

但是當天晚上有一個老神仙到了那個村子裡，老婆婆覺得很奇怪，她趕緊要老神仙躲到她家裡面，還熱心的請祂吃水餃，等祂吃飽後，開心的神仙教了婆婆一個打敗年獸的方法。祂要婆婆在兩扇門上貼上紅紙，再將自己裹上一塊紅布，並在院子燒起一堆竹子來，「霹哩啪啦」「霹哩啪啦」的吵著！

天已全黑了，年獸上岸了，正到處找人吃，可是他聽到村子裡傳來很奇怪的聲音，像刀子一樣的刺進牠的耳朵裡，使牠覺得很不舒服。當牠望見老婆婆住的房子時，一大片紅光就像千萬根針一樣，狠狠的刺進牠的雙眼。好疼啊！牠趕忙閉上眼睛逃走了，原來年獸最怕的就是嘈雜聲和紅色。

據說從此以後，人們就把年獸逃走的那天叫「過年」。當時趕走年獸的各種辦法演變到今天，燒竹子變成放鞭炮，門上的紅紙成為寫著吉祥字句的春聯。此外，人們也喜歡在過年時穿紅色的新衣服。可是，大家都忘了這些原先都是為了防備年獸來吃人的呢！

深愛理由

張爸爸有時候真的覺得，全世界最會說故事的就是中國人了！

因為中國人真是太擅長把習俗和神話完美的結合在一起，這個故事就是一個很好的例子。

當張爸爸第一次聽完這個故事之後，每次到了過年，在穿衣服、貼春聯或是放鞭炮的時候，都會有全新不同的感覺，更不用說孩子聽完這個故事，內心揚起的新鮮、有趣的感覺了！

所以，到了過年，不管您是在吃年夜飯或是在發紅包，千萬不要忘記跟孩子分享這個故事哦！

進行方式

建議在說這個故事前，盡量用各種方法，做出個年獸來吧！用畫的、用氣球，或是買個很醜的布偶都可以，然後到了故事的最後，讓它「登登登」的出場，再請孩子用身上、家裡面或是教室裡面的「紅色」的東西，來打敗年獸。呵呵！

他們可真是什麼東西都可以變出來喔！之前有小朋友伸舌頭（因為舌頭是紅色的），或是竟然拉下褲子露出小內褲上的紅色，害張爸爸笑到肚子超痛，真是太好玩囉！

深度互動

這個故事很適合在過年前講哦！大家可以跟孩子一起來製作春聯，或是鞭炮等來布置家裡及教室。對孩子來說，這樣才有過年的氣氛，至於那些東西怎麼做？上網都可以找到資料的，別偷懶哦！

一眨眼，大水牛也到了，得到了第二名。
不過他一直對老鼠「哞，哞」的叫，
一副很不高興的樣子。

過年之十二生肖

—佚名

張爸爸說故事

相傳在上古時代，人們都不曉得計算年月的方法，於是就去請玉皇大帝幫忙。玉皇大帝覺得動物和人們關係最密切，如果用十二種動物來做年分的名字，人們一定最容易記得。不過，地上的動物這麼多，要如何選出十二種動物來呢？於是玉皇大帝決定舉行一次動物渡河比賽，最先到達終點的十二種動物就被選出來，名列十二生肖。

當比賽的消息公布之後，所有的動物都紛紛討論起來，希望能贏得這場賽跑。那時候，貓和老鼠是最要好的朋友，牠們吃在一起，睡在一起，親熱得形影不離。

老鼠說：「我很想跑在前頭，列名十二生肖中，可是我身子又小，又不大會游泳，怎麼辦呢？」

貓說：「既然我們身子小，跑不快，就應該早點出發。我知道水牛平常天還沒亮就起床了。不然，比賽那一天，我們請水牛叫醒我們，然後載我們過河，也許這樣我們就可以跑在前面了。」

老鼠拍手跳起來說：「吱吱，好極了，就這樣辦！」

到了玉皇大帝生日那天，天還沒亮，和善的水牛就來把老鼠和貓叫醒了，水牛笑咪咪的說：「看你們迷迷糊糊的樣子，不如爬到我背上來，我載你　們一塊兒走吧！」

老鼠和貓就綣伏在溫暖又寬大的牛背上，舒舒服服的又睡了一覺。當牠們醒過來的時候，天才剛剛亮，卻已經到河邊了。貓兒在牛背上伸了一個大大的懶腰，高興的說：「過了河，馬上就是目的地了。看來，我們三個是跑在最前面啦。」

「是啊。你出的主意真好。」老鼠口裡這麼說，心裡卻在想著：「跑在前面是不錯，不過，要怎麼才能跑在水牛和貓前面，得到第一名呢？」自私又狡猾的老鼠，想出了一個壞主意。

當水牛游到河中間的時候，老鼠假心假意的靠近貓，親親熱熱的說：「貓啊，我們就快到河邊了，你看看，四周的風景多美啊！」「真的，好美喔！」貓果真四處張望。就在這個時候，老鼠狠心的用力一推，貓沒有坐穩，「撲通」就摔到河裡了。

大水牛發現背上的重量減輕了，回頭一看，卻發現許多動物都在陸續過河，牠便趕緊加快速度，沒有注意貓掉到水裡，而狡猾的老鼠早已經偷偷鑽入大水牛的耳朵裡去了。大水牛很快的過河了。眼看就要得到第一名，心裡正高興著。突然，從牠的耳朵裡跳出一團黑黑的東西。大水牛愣住了，停下腳步，仔細一看。「啊，原來是老鼠。」老鼠卻一溜煙似的往前跑。

等大水牛看明白了，老鼠早就跑到終點，得到第一名。玉皇大帝看老鼠最先到達，感到奇怪，便問：「老鼠，你不會游泳，又跑不快，怎麼會最先到達呢？」

老鼠得意洋洋的回答說：「我雖小，可是頭腦聰明，當然得第一囉！」玉皇大帝聽了不以為然的搖搖頭。

一眨眼，大水牛也到了，得到第二名。不過牠一直對老鼠「哞，哞」的叫，一副很不高興的樣子。不一會兒，老虎一身濕淋淋的跑過來，很有自信的吼：「我是第一名吧？」「不，我才是第一。」老鼠很不客氣的回答，於是老虎和老鼠就吵起架來。

突然一隻蹦蹦跳跳的小兔子，飛快的跑到玉皇大帝前，得到第四名。

原來，兔子不會游泳，也是踏在別的動物身上跳過河的。

而龍呢？牠會飛，應該最早到的啊！玉皇大帝便好奇的問牠為什麼會晚到。「我本來可以很早到的，可是我到東邊去降了一場雨才趕來，所以就耽誤了時間。」龍是天上專門負責降雨的動物，牠很認真的回答玉皇大帝。

一會兒之後，大家聽到一陣嘈雜的聲音，隱約中看到馬、羊、猴子、雞和狗拼命的跑著。馬跑在最前面，眼看就快要達到終點了。

突然，牠聽到一個聲音。「我來了，我先到。」草叢裡鑽出一條大蛇。大蛇來了引起一陣混亂，老鼠和兔子害怕的躲起來。大蛇平常最喜歡吃老鼠和兔子，今天卻很有禮貌的說：「今天我是特地來參加動物渡河比賽的，放心吧，我不會吃你們的。」

「嘶——」馬一到就高興的亂叫。「我得第幾名？」「第七名啊！算你運氣不錯。」老鼠搶著回答。

不久，老山羊、猴子和大公雞分別到了。「哎，你們三個怎麼會一起來啊？」老鼠問。老山羊慢吞吞的說：「我們在河邊撿到一塊木頭，坐在上面，互相幫忙過河的。」

「汪，汪，汪！」調皮的狗也來了。其實牠早該到了，因為貪玩，在河裡洗澡，耽誤了時間，最後只得到第十一名。

比賽快要結束了，已經到達的動物，都想看最後一名是誰。大家伸長了脖子四處張望。過了好一會兒，聽到豬叫的聲音。奇怪，平日最懶的豬怎麼也來了？

「是不是有好吃的東西啊？」豬喘著氣問，唉呀，原來豬只是來找東西吃。大家聽了，都捧著肚子哈哈大笑，說道：「真是一個貪吃的傢伙！」雖然如此，豬還是得到了第十二名。

玉皇大帝於是鄭重的宣佈比賽的結果：「十二生肖的排名是：鼠，牛，虎，兔，龍，蛇……」話沒說完，貓急急忙忙的趕到了。牠全身溼透，一副很狼狽的樣子。牠一來就趕緊問：「我得第幾名？我得第幾名？」

玉皇大帝和善的說：「你來晚了，什麼名都沒有。」貓一聽，氣得不得了，大叫：「都是壞蛋老鼠害的，我要吃掉牠。」說著便伸出利爪不顧一切向老鼠衝過去。老鼠知道自己對不起貓，又慚愧又害怕，吱吱叫著，直往玉皇大帝椅子下鑽。

老鼠雖然在比賽中贏了，列入十二生肖的第一名，可是牠卻提心吊膽，隨時怕貓來找牠報仇。所以從此以後，老鼠一看到貓的影子，就沒命的逃，甚至大白天也躲在洞裡不敢出來呢。

深愛理由

說到過年的故事，怎麼可以不講到十二生肖呢！這個故事裡面，囊括很多孩子們好喜歡好喜歡的東西呢！裡頭有可愛有趣的動物，還有他們不同的能力以及相互之間的關係。

所以，張爸爸每次講完這個故事的時候，孩子們就像看完一集DISCOVERY頻道的影集呢！不知道大家有沒有注意到，其實裡面也牽扯到很多人性的東西，這些元素也頗能讓大人思考一下哦！加上最後那個讓人噴飯的結局，唉！怎麼會有這麼棒的故事呢！

進行方式

請準備一張大圖畫紙，或是白板來玩這個故事吧！這個故事我試過讓孩子一起來畫十二生肖，哈哈！結果他們畫出來的東西，真會讓人又好笑又驚訝呢！

尤其如果您是志工，也許在故事進行中，還會發現一些很有天分的孩子，最後別忘了，要帶著孩子一起唸十二生肖的口訣喔！聽完這個故事，讓人幾乎可以完全記得十二生肖的順序呢！

深度互動

在一對多為孩子說故事的場合，可以請孩子們分享他自己的生肖，然後大家還可以討論各種生肖動物個性的特色哦！您會驚訝的發現，很多孩子怎麼對動物好有研究啊！

大蛇到了家裡以後，
老公公偶然之間發現這隻大蛇非常喜歡吃米飯，
於是他每天都會給大蛇吃很多很多的飯，
蛇也越長越大。

過年之飛龍的故事

—佚名

張爸爸說故事

很久很久以前，有一個很善良的老先生在外面逛街的時候，突然看到一個年輕人正在抓一條蛇，然後把那條蛇抓進了一個籠子裡面。老先生看了看那條蛇，那隻蛇有兩公尺長，身上是美麗的花紋，但是那條蛇卻低著頭，一臉沮喪的樣子。老先生決定把這條憂傷的蛇買下來，帶回了家。

老先生怕這條大蛇又被人家抓到，於是決定先把牠養在家裡，等下次去山上的時候，再把牠放走。大蛇到了家裡以後，老公公偶然之間發現這隻大蛇非常喜歡吃米飯，於是他每天都會給大蛇吃很多很多的飯，蛇也越長越大。

就在這個時候，村子裡的天氣變得很怪很熱，他們這個地方用來灌溉農田的河水也越來越少。天上又不下雨，所以農田裡的稻子，也慢慢的變黃了。再不下雨的話，可就糟糕了！奇怪的是，那隻大蛇每天也跟著都不吃東西，無精打采的樣子。

有一天晚上，老公公在睡覺的時候，突然呼呼呼的，刮起了一陣風！出現了一個老神仙對著老公公說：

「別怕！我是土地公！我來是要告訴你一件事！其實你家的那條蛇，是天上掌管降雨的飛龍！你要趕快把牠放回去你們山上的那條河裏，這裡就會下雨了哦！記得哦。」一說完話，土地公就不見了！

老公公早上醒了過來後，趕快走到了蛇的前面，向牠行了一個禮說：「對不起，我今天就帶著你去河裡，請你要趕快下雨，幫我們大家的忙哦！」

於是，老公公提著籠子，帶著大蛇走到山上的河邊，把大蛇放進了河裡。

沒想到，溪裡面突然衝出一隻飛龍直往天空飛去！天上的雲霧也慢慢的變成了黑色，還伴隨著轟轟的雷聲。過了一會兒，天上真的開始下起大雨來！而且連續下了好久好久的雨，終於，稻田恢復了綠色的樣子。

農民們大家都好高興哦！大家都認為，這是飛龍的功勞，為了感謝牠，每天大家都會帶著米到河邊，將一包一包飛龍最愛吃的米倒進河裡。

可是有一天，老公公晚上又做夢了，他夢到飛龍來找他。飛龍對他說：

「老先生你們千萬不能再丟米到河裡去了！我根本就吃不了那麼多米。而且天上的玉皇大帝生氣了，牠認為你們是在浪費糧食，如果再這樣的話就要懲罰我！所以請記得，不可以再丟米到水裡了！」

老先生醒了以後，趕緊告訴大家這件事情。可是人們竟然不聽飛龍的話，他們繼續的倒米到河裡去，結果玉皇大帝真的生氣了！牠命令天上的大將軍拿著寶劍將飛龍砍成了兩段，河裡的水被飛龍的鮮血，染成了紅色！

這時候，人們才發現是因為他們不聽話而害了飛龍。於是大家跪下來請玉皇大帝原諒飛龍，也保證以後再也不會倒米到河裏了！於是玉皇大帝說：

「只有一個方法可以讓飛龍變回原來的樣子！就是你們要準備一個很大的龍形燈籠，然後在裡面裝滿米，向牠祭拜三天三夜後，飛龍就會恢復牠原來的樣子！可是你們再也不可以隨便浪費糧食了哦！」

村民們向玉皇大帝大聲說了謝謝。花了好久的時間，做了一個和那條飛龍長得一模一樣的燈籠。在裡面裝滿了稻米，祭拜了三天三夜！果然，聽到「吼」的一聲，飛龍終於變成原來的模樣了！大家跪下來向飛龍說對不起，飛龍往天空飛，還不斷的回頭向大家說：

「謝謝大家！我會繼續保護你們的！再見了。」

聽說從此以後，人們過年時之所以會舞龍舞獅，就是為了感謝飛龍對人類的恩情呢！

深愛理由

這個過年的故事，大家可能比較少聽到吧！不過張爸爸發現的時候可是很愛呢！而且我記得和孩子說的時候，講到人們還是將米丟到河裡的情節，孩子們都好生氣哦！而飛龍被斬的橋段，雖然我已經講得不會太重了，還是有些孩子掉下了眼淚呢！唉，能讓孩子掉眼淚的故事，真的是有它動人的地方。

進行方式

其實這個故事很重視情緒的轉折！一開始的情節是愉快的，也就是飛龍和老先生的相處。建議可以讓孩子猜猜看飛龍喜歡吃什麼？

張爸爸通常會亂講啦！比如說棉被、臭襪子等等！小朋友通常都會笑成一團，然後跟著亂猜。

我還會試著表演老先生拿各種東西給飛龍吃的時候，飛龍的各種表情。比如說棉被，嗯！臭襪子，嗯！白飯，耶！現場反應也很好笑。

不過，後段中，飛龍被斬，以及人們誠心的祈求，這些部分，張爸爸就會請各位說故事的讀者，一定要跟著故事情緒走。哇！您會發現孩子真的很投入故事情節。尤其我會請孩子一起向著天空拜拜。呵呵，他們的表情可是非常可愛的呢！

深度互動

這個故事大家如果有機會在過年前後說給孩子聽，建議大家可以一起和孩子做龍的燈籠！等一下，請別緊張的想：「我怎麼可能會做！」這就是大人和孩子的不同了。對孩子來說，一堆肥皂盒連在一起，加上一棵自製的怪頭！哈哈，小朋友就覺得是飛龍了。或是用大箱子做一個頭，加上一條毛巾，也可以玩飛龍的遊戲呢！保證在家裡或是班上，都會創造出無比的樂趣哦！

中國古代的衛生節——端午節

什麼是端午節

農曆五月初五，又稱「五月節」、「天中節」，與中秋節、春節同為中國人的三大節日。

端午節習俗的起源

古人稱五月是「百毒之月」，五月以後，天氣漸熱，蚊蟲蒼蠅孳生，很容易發生傳染病，所以端午節的許多習俗都與衛生有關。

端午節的有趣習俗 I

北粽南粽大不同

端午節吃粽子緣自屈原投汨羅江，民眾怕他的屍體被魚、蝦吃掉，才用竹筒裝米飯投入江中，後來演變成用竹葉包裹後投入江裡。粽子作法南北不同。北部將米泡水瀝乾用油炒香後，加入五香粉、糊椒粉、醬油等調味料。蒸熟再用竹葉包裹填餡，再蒸一次使之入味。南部則是用純白糯米浸泡後加肉餡，以綠竹葉包裹後，再水煮至熟透。餡料的內容有豬肉、香菇、蝦米、花生、鹹蛋黃、紅蔥頭、栗子，隨個人的喜好增添。

蛇怕雄黃酒的傳說其實……

雄黃是一種中藥藥材，可以當成解毒劑、殺蟲藥。端午節後各種蟲類開始出沒，瘟疫漸多，傳說雄黃有消除疫病的功能，再加上白蛇傳的故事流傳甚廣，所以大家紛紛仿效故事情節喝雄黃酒，希望能夠驅邪避兇。不過實驗證明，雄黃可以驅蛇其實是無稽之談，從現代醫學的角度來看，雄黃是一種含砷的化學性物質，本身具有毒性，食用反而會對人體造成損害。

端午節的有趣習俗Ⅱ

打午時水和立蛋

端午節除了吃粽子看划龍舟等習慣，還有一個打「午時水」的習俗。「午時水」指的是端午節中午打上來的井水，將打起的水封在磁罐放在陰涼處，聽說可以長久保存不壞，喝了能強身、治百病，用來泡茶釀酒特別香醇，中暑時喝午時水也可幫助退熱。

端午節常識測驗

Q：除了吃粽子、喝雄黃酒以外，端午節還有哪些習俗？

a. 在門口掛菖蒲艾草

b. 划龍舟

c. 放風箏

d. 配戴香包

e. 掛鍾馗像

答案：除了C 放風箏是重陽節(農曆九月初九)的活動外，其餘都是端午節的傳統習俗哦。這些習俗都與驅邪避兇有關呢！

除了打午時水之外，還可以試試在正午時將雞蛋立起來，看雞蛋是否可以站立、或是將針放在水裡，看會不會漂浮起來，這些都是很有趣的活動呢。

午時水的傳說

相傳早年，鄭成功率領眾士兵經過大甲的鐵砧山，因為天氣炎熱，沒有水可以飲用，士兵與馬兒接二連三出現許多傷亡，於是鄭成功拔起長劍刺向地面，跪地祈求能湧出泉水。忽然，地面裂開，寶劍下沉，一股清泉突然湧出，解除了當時的困境。人們為了感念這個奇蹟，就稱這口神奇的水井為「國姓井」或是「劍井」。因為這個傳說，每年端午節，都會有許多民眾爭相到這口劍井取午時水，祈求喝了井水後能夠無病消災。

Part 5
道具篇

1 寄居蟹與海葵

2 水滴阿嬤

3 廢物利用

4 格列佛遊記

當螃蟹和章魚，想要來欺負寄居蟹的時候，
海葵就會用牠有毒的刺細胞去電牠們……

寄居蟹與海葵

—張爸爸

寄居蟹與海葵（章魚、寄居蟹、貝殼、海葵、兩隻蝦子）

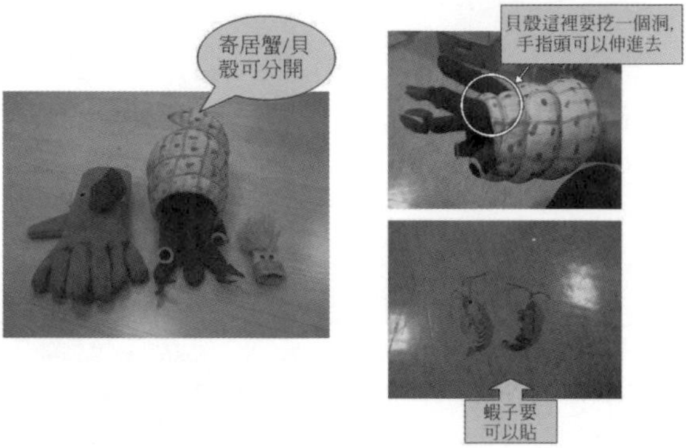
寄居蟹/貝殼可分開
貝殼這裡要挖一個洞,手指頭可以伸進去
蝦子要可以貼

張爸爸說故事

寄居蟹是會揹著一個殼當成家，然後到處活動的海底動物。而且當牠長大了就會換更大一點的殼呢！

當寄居蟹遇到危險，牠就會趕緊躲在牠的殼裡面，但是寄居蟹還是很害怕一些動物，像是大螃蟹和章魚，因為這些動物都非常有力氣，一不小心寄居蟹就會被牠們給吃掉，還好有一種動物會來幫牠的忙——就是「海葵」。

海葵自己不會移動，所以海葵喜歡住在寄居蟹的身上，如此一來就可以跟著寄居蟹跑來跑去，可以比較容易抓到水中的小魚和小蝦，這樣就不怕肚子餓了！

當螃蟹和章魚想要來欺負寄居蟹的時候，海葵就會用牠有毒的刺細胞去電牠們，所以寄居蟹也很喜歡海葵住在牠們的身上，這種關係在大自然裡面叫做「共生」。

「共生」的意思，就是兩種動物可以互相幫忙，寄居蟹帶著海葵到處找食物，然後海葵就幫寄居蟹趕走敵人，一起分工合作、相親相愛。

深愛理由

「能不能說一個故事，就可以讓孩子了解某些品德？」

常有爸媽會這麼問我，其實張爸爸必須誠實的告訴大家，那是很難的！因為「品德」這種東西，需要透過長時間的學習以及父母親的身教，才能在孩子身上建立。

不過，有時候有些好的故事，卻能在瞬間讓孩子瞭解一些個性和習慣的重要。像這個故事便是如此。簡單，但非常有力量，小朋友很容易就能了解到朋友之間的一個概念和責任。

接下來的章節裡面，我將和大家分享如何DIY製作一些簡易又可愛的小道具，來配合故事的進行，讓孩子在聽故事的過程中，充滿更多互動、想像和歡樂，保證會讓他們目不轉睛哦！

進行方式

故事進行前，請大家準備一大一小的紙杯，在大杯子上面挖一個洞，再請孩子畫上不同的花紋，不過先別告訴他們要做什麼。

然後，再準備一雙手套，其中一隻手套的手指部分剪下來，選擇一隻手指把上方剪成一束一束的，這就是海葵。

另外一隻手套，則將食指與無名指部分畫上眼睛哦！然後簡單用紙製作兩隻蝦子，放在家中隱密處，接著再拿一些手套做出敵人，比方說章魚啊（請見附圖），完成之後就可以開始講故事了。

右手戴上有眼睛的手套，就是代表寄居蟹的身體了，然後再為它先戴上小杯子當成小殼，告訴小朋友寄居蟹長大了，再請他們幫你換大杯子，就是大殼啦！這樣孩子會很開心呢！

接著，你用左手的指頭戴上海葵，和寄居蟹說說話，演出上面故事情節中的對話，然後就可以將海葵放在寄居蟹伸出的中指上了，哇！合體完成。

再來就可以開心的帶著海葵，一起出發去找出家中的蝦子。這時候，哎呀！壞蛋章魚要出來了，想來欺負寄居蟹。此時，海葵要出來保護牠的好朋友了，別忘了要把壞蛋電得頭昏腦脹哦！

這樣的道具，相信會讓您闔家歡樂，好玩到不行呢！

深度互動

這個故事講完以後，應該很累了吧！其實不太需要做其他的動作，不過建議爸爸媽媽或志工可以發展你們自己的第二集哦！因為在大自然裡面，還有一些動物也是這樣哦！比如說鱷魚與鱷鳥，或是水牛與牛背鷺，鯊魚與鮣魚等等。

嘟嘟看了房子裡面的東西，

忍不住問了水滴阿嬤：

「水滴阿嬤，您家的東西都舊舊的，為什麼不買新的呢？」

突然，房子裡面的空氣像是結凍了……

水滴阿嬤

—張爸爸—自來水事業處

張爸爸說故事

「媽媽，妳和爸爸的好朋友——『水滴阿嬤』的家到底是住在哪裡啊？」

開往陽明山的路上，可愛的嘟嘟實在是忍不住了，車子轉來轉去，把他的頭都給轉昏了。他只好緊緊的抱住他的玩具「水悟空」。這個玩具雖然舊舊的，但它可是嘟嘟從小最愛的玩具呢！但是水滴阿嬤的家，怎麼都還沒到呢？

「嘟嘟別急，再過一會兒就到了，告訴你，水滴阿嬤可是一個很好玩的人哦！」

「真的哦！媽媽，水滴阿嬤到底有什麼好玩的地方啊？」

「到了你就知道了，水滴阿嬤的家有好多好特別的東西呢！她還有一句超級口頭禪呢！每次她講這句口頭禪的時候都會讓人嚇一跳哦！而且告訴你，水滴阿嬤講話從來都不超過八個字哦！厲害吧！」

「好了，到了。媽媽、嘟嘟快出來吧！」

哇！水滴阿嬤的家終於到了呢！一下車，嘟嘟整個人都呆住了呢！水滴阿嬤家怎麼這麼好玩啊！看起來就像是一個簡單但是舒服的木頭房子，房子的旁邊有一個看起來很特別的管子，長長的沿著房子旁邊走呢！最可愛的是那個管子被畫成了一隻長頸鹿呢！真是有趣！嘟嘟抬頭一看，他的面前突然站著一個慈祥但是一看就知道很調皮的老太太，揮著手和他打招呼呢！老太太身上的衣服真的有一個可愛的微笑水滴呢！嘟嘟想：她應該就是水滴阿嬤吧！

「水滴阿嬤，您好！」

「**很有禮貌，趕快進來。**」

「哈！真的呢！沒有超過八個字。」

進到水滴阿嬤的家，裡面的東西都是舊舊的，但是卻很乾淨呢！桌子竟然是一個大石頭，椅子一看就知道是壞掉後修好的。那幾個放東西的櫃子不是嘟嘟小時候家裡面放東西的櫃子嗎？還以為爸爸媽媽丟掉了，原來送到這裡來了。嘟嘟看了房子裡面的東西，忍不住問了水滴阿嬤：「水滴阿嬤，您家的東西都舊舊的，為什麼不買新的呢？」突然，房子裡面的空氣像是結凍了，爸爸媽媽張大嘴巴看著嘟嘟，好像發生了什麼可怕的事情。嘟嘟還來不及知道發生什麼事情，就看到水滴阿嬤一步一步的走到了他的面前。嘟嘟害怕的抬起頭，就看到水滴阿嬤大聲的一個字一個字對著他說：

「**世界上，所有的東西。**」

嘟嘟想：「嗯！剛好八個字。」

「**可，以，用，就，好，別，浪，費！**」

嘟嘟想：「唉呀！還是八個字，可是好大聲啊！」

水滴阿嬤講完了話，拍拍呆住的嘟嘟就轉頭去準備午餐了。

「哈哈哈哈哈哈哈哈！」旁邊傳來了爸爸和媽媽笑倒在地上的聲音，嘟嘟有點生氣的走到了爸爸媽媽的身邊，「爸爸媽媽你們在笑什麼啦？」

媽媽扶著嘟嘟的肩膀說：「你現在知道水滴阿嬤的口頭禪了吧？哈哈哈哈！」

嘟嘟說：「知道了啦！可是也不用那麼大聲嘛！不過水滴阿嬤真的很厲害呢！真的每句話都不超過八個字呢！可是我還是不知道她為什麼叫做水滴阿嬤啊？難道是因

為她大聲說話的時候很多口水像水滴一樣噴出來嗎？我的水悟空上面差點都是她的口水呢？」

「哈哈！不是啦！下午你就知道啦，哈哈！嘟嘟你真好玩。」爸爸已經笑到肚子痛了。

吃完午餐，正在吃水果的嘟嘟實在忍不住了，他看了看正在和爸爸媽媽開心聊天的水滴阿嬤，小心的問：「水滴阿嬤，請問您為什麼叫做水滴阿嬤呢？」

水滴阿嬤伸了頭過來，看看嘟嘟，又看看嘟嘟的爸爸媽媽，又看了看手錶，露出頑皮的表情說：

「**時間剛好，一起去玩。**」

水滴阿嬤帶著一臉懷疑的嘟嘟和正在偷笑的爸爸媽媽走到了房子的門口，突然水滴阿嬤拿出了一隻小小的滴管，把它交到嘟嘟的手上，然後她帶著一臉興奮的表情說：

「**嘟嘟你來。**」

水滴阿嬤扶著嘟嘟走到了一個小小的天平前面，嘟嘟輕輕的一擠滴管，大大的一滴水，滴到了小天平的一端，小天平慢慢的往下降，另外一端慢慢的往上升。

哎呀！碰到了另外一個小小的蹺蹺板，翹翹板上的球開始往下滑，滾到了一個長長的軌道上面，接下來就聽到水滴阿嬤大聲的說：

「**嘟嘟趕快，跟著球跑！**」

哇！嘟嘟緊緊的抓著他的水悟空，努力跟著球跑，發現球繞著房子週邊的管子走了一圈呢！球經過的地方，水管上面一個個洞打了開來，最後球滾到了管子的最後面，竟然出現了一個開關呢！球一撞到開關，哇！嘟嘟這時候才發現還有一根水管連接到房子的上面，竟然是一個好大的水塔呢！水塔上傳來了「轟轟轟」的聲音，到底發生了什麼事啊？

只看到水塔上面流下來好多好多水呢！水流進了剛剛經過的水管裡面，整條水管打開的洞都沖出了漂亮的水花呢！哈哈！水花灑在下面的草皮和花上面，花兒們都挺直花莖接受著水的灌溉呢！小小的彩虹們也來湊熱鬧呢！

「**嘟嘟，快進來！**」

水滴阿嬤響亮的聲音，嚇得嘟嘟什麼都不想，就趕快跑進房子裡面。嗯！真有趣呢！原來水管還跑進了房子裡面，小水槽上面有一個小小的蓄水器也充滿了水，連水滴阿嬤家裡面的馬桶都傳來了水的聲音呢！原來從水塔流下來的這些水，也會跑到房子裡面來呢！

「水滴阿嬤，真是太好玩啦！可是我想請問您，到底水塔裡面的水是從哪裡來的啊？」

水滴阿嬤摸摸嘟嘟的頭說：

「這些水從天上來的！」

哦！原來水滴阿嬤把下雨的水都給收集起來再用呢！但是嘟嘟忍不住問：「可是，為什麼不用水龍頭裡面的自來水呢？」突然，阿嬤看著嘟嘟一步一步的走了過來，嘟嘟開始後悔了，因為他想起了水滴阿嬤的口頭禪。

果然沒錯，阿嬤又是一個字一個字的說：

「可，以，用，就，好，別，浪，費！」

哎呦！好大聲的八個字啊！

嘟嘟幫忙水滴阿嬤用收集的雨水洗完了擦地的毛巾，看著外面美麗的花朵和小草，嘟嘟終於知道水滴阿嬤為什麼叫做水滴阿嬤了呢！原來她是一個連一滴水都會珍惜的可愛阿嬤呢！但是，真是不可思議，她竟然可以用一滴水做出這麼好玩的東西呢！

嘟嘟牽起水滴阿嬤的手，問水滴阿嬤：「水滴阿嬤，您為什麼這麼珍惜這些水呢？」

阿嬤牽著嘟嘟走到了桌子旁邊，打開抽屜拿了一張照片出來，交給了嘟嘟，照片裡面是一個非洲的媽媽揹著小孩走到一座水井的旁邊盛水，旁邊還有一大堆人在排隊呢！阿嬤摸摸嘟嘟的頭，眼睛裡充滿了哀傷：

「**水是老天，給的禮物！**」

「水滴阿嬤，難道有一天會沒有水嗎？」

「**一起珍惜，永不乾枯！**」

吃完了晚餐，在水滴阿嬤家外面舒服的聊天，看著身邊一大群飛來飛去的螢火蟲，這真是一個舒服的晚上呢！

「**該去洗澡，準備睡覺！**」水滴阿嬤溫柔的對著爸爸媽媽說。

嘟嘟跟著媽媽走進了浴室，怎麼都沒有浴缸呢？只有一個蓮蓬頭呢！嘟嘟忍不住問媽媽：「媽媽，為什麼水滴阿嬤的浴室裡面只有蓮蓬頭沒有浴缸呢？」

媽媽說：「嘟嘟，你知道嗎？那是因為如果我們洗澡是使用蓮蓬頭的話，用掉的水其實只要一點點，但是如果我們是用浴缸的話，用掉的水可是比用蓮蓬頭多好幾倍呢！」

「真的哦！這樣我以後都要用蓮蓬頭洗澡，今天水滴阿嬤有拿一張照片給我看呢！我們可以這麼自然舒服的用水，真的很幸福。所以，我以後也要更珍惜水呢！」

洗完澡的嘟嘟舒服的躺在床上，水滴阿嬤走了進來，看著爸爸媽媽說：「晚安。晚安。」然後走到了嘟嘟的床前面，摸摸嘟嘟的頭髮和水悟空的頭說：

「**嘟嘟今天，真的很棒！**」

嘟嘟說：「水滴阿嬤，您才最棒！」嘿嘿！我也只用了八個字呢！

走到門口的水滴阿嬤，笑著回頭看了看水悟空，然後跟嘟嘟說：「**明天起床，買新玩具！**」嘟嘟突然想到了一件很重要的事，他趕快大聲的說：「水滴阿嬤，玩具，**可，以，用，就，好，別，浪，費！**」

嘟嘟看著阿嬤張大的眼睛和嘴巴，哈哈！這可是今天最棒的結尾啦！

深愛理由

這個故事，是張爸爸和自來水事業處合作的一個故事，主要的目的是希望藉由繪本的形式，讓孩子珍惜水資源，但是要跟大家說聲抱歉的是，這本書現在可能找不到了，不過還是忍不住要跟大家分享它的故事內容。

記得之前很多小朋友看完故事的時候，都告訴我這個阿嬤真是太好玩了，他們不只瞭解到一些節省水源的方法，還真的一直在算阿嬤說的話是不是真的八個字呢！張爸爸猜您應該

也會吧！哈哈！

同時要先跟大家預告一下，在後面的「張爸爸私房篇」中，也有一個類似的故事，雖然創意的原點是一樣的，不過進行方式可就截然不同哦！

進行方式

說故事的時候，當講到很多水如何運用的部分，記得停下來跟小朋友討論一下喔！比如說：**家裡面哪些地方，可以學水滴阿嬤那樣徹底運用水資源？**是不是泡澡剩下的水可以拿來沖馬桶、澆花，或是馬桶可以加裝省水裝置等等，讓大家一起集思廣益囉！而且當天晚上就要趕快操作看看，讓孩子用浴缸的水去沖馬桶或是澆花，因為這樣他們才會印象深刻呢！

深度互動

在這個部分，張爸爸建議大家，可以讓孩子練習如何收集雨水來做二次運用哦！這其實還滿好玩的，而且可以用瓶子把雨水裝起來，讓孩子看看沉澱後的雨水和一般水有何不同哦！甚至還可以標明清楚瓶子的用途，孩子可是會將這些瓶子，視為寶貝和重要的責任呢！

壞掉的襪子可以拿來做什麼？

壞掉的衣服可以拿來做什麼？

廢物利用

—張爸爸

張爸爸說故事

用完的紙可以拿來做什麼？

（背面還可以拿來畫圖啊，或是吃東西的時候可以拿來墊哦！）

用完的盒子可以拿來做什麼？

（裝東西啊，或是可以變玩具哦！）

壞掉的襪子可以拿來做什麼？

（補一補很可愛啊，變成可愛的娃娃！）

壞掉的衣服可以拿來做什麼？

（縫一縫又可以穿啊，或是補好後送給別人，或是當抹布啊！）

喝完的瓶罐可以拿來做什麼？

（自己做存錢桶啊，或是變成好玩的樂器哦！）

深愛理由

這樣的概念故事是張爸爸很愛的活動型故事！因為可以和孩子一起把很多東西做出來，還能讓孩子真正學會資源的再利用呢。

進行方式

請您將故事中所有的東西都和孩子一起做看看吧。

用完的紙一起拿來再畫圖。

用完的盒子拿來裝東西，接起來變成火車，或是做成小小的水族箱。

破掉的襪子拿來塞衛生紙，畫一畫，縫一縫，變成可愛的娃娃。

破掉的衣服拿來當作抹布清潔環境。

喝完的瓶罐拿來做存錢桶，或是用各種瓶罐讓孩子當成敲擊樂器來玩。哇，雖然很吵，但是卻很好玩呢！

深度互動

資源回收是現在社會的重要課題！另外一個就是能源的節省！所以，張爸爸建議您可以試著跟孩子討論一下如何節省能源，尤其在家裡做哪些事情可以節省能源！但是別忘了，要請孩子自己操作哦！

格列佛醒過來的時候，
突然發現手腳都不能動了，
轉頭去看，才知道自己被一群好小的人牢牢的綁起來了。

格列佛遊記

—喬那森・斯威夫特

張爸爸說故事

格利佛是一個英國醫生，他很喜歡到處去旅遊。有一次，格利佛坐船去旅行，沒想到船在海上遇到大風浪，撞上了礁石。船破了，他昏迷過去，被海水沖到一個海島上。

他醒過來的時候，突然發現手腳都不能動了，轉頭去看，才知道自已被一群好小的人牢牢的綁起來了。在他的四周，那一群小人一個個彎弓搭箭，把箭頭對準了他。這些小人，每一個都只有二十公分高，原來這個地方就是小人國。

格利佛嚇得不敢亂動，小人國的國王，認為格利佛很老實，應該是個好人，於是就放了他，留他在小人國裡住。他參觀了小城市、小王宮，看到了小樓房、小街道。他發現小人國裡，一切都小，不但人小，連牛羊馬匹也都很小。尤其是他們的小孩子和小狗，更加小的不得了。

格利佛在小人國裡幫了大家很多忙，因為他在小人國裡可是大巨人呢！他幫忙大家蓋房子、種田，每個人都很喜歡格利佛，大家都變成了好朋友。而每天到了吃飯時間就成為小人國居民最忙碌的時候，因為他一餐可是要吃掉一百隻雞、一千個麵包、一萬顆蘋果呢！

雖然格利佛很喜歡小人國，但在那裡住久了，格利佛開始想回家了。但是小人國國王幫不了這個忙，因為那裡最大的船，只比箱子大不了多少，好在後來有一條舊木船漂到島上，格利佛才告別了小人國國王，終於回到了自已的家。

深愛理由

想啟發孩子的豐富想像力嗎？那就來聽《格列佛遊記》吧！

因為裡面大小的對應觀念真是太有趣了！只是我們大人都喪失童心了。但是所有第一次聽到這個故事的孩子，都覺得好好玩呢！不知道大家有沒有發現，之後很多相關的故事和電影可是深受這個故事的影響哦！

進行方式

請大家再跳脫一般的說故事方式吧！不管您是在家裡，還是身為志工說這個故事，建議您可以試試看，請孩子一起來「畫」這個故事！

前面的部分，其實不需要書，只要講到格列佛來到小人國為止。

然後接下來，請您拿出一張紙或是在黑板上畫下一個大人格列佛。（別擔心畫不好，其實越醜孩子覺得越好笑！）然後，請孩子在旁邊畫出小人國的房子、車子，還有要給格列佛的所有食物和東西，您會發現跟隨故事情節發展，最後圖完成的時候，那個畫面真是太好笑了！每個孩子都是創意無限的大畫家呢！

深度互動

不知大家知不知道，格列佛後來還有去到巨人國呢！那裡面所有東西可就反過來，大的不得了！您可以請孩子一起來編個故事哦！還可以討論**在小人國和巨人國裡面到底會發生哪些其他的趣事呢？**這麼做能訓練孩子對日常生活的觀察力哦！

大自然界的互助現象——共生

互利共生的例子

鱷魚＆鱷鳥

鱷魚跟蛇一樣是變溫動物，所以會靠曬太陽來提高體溫。當牠在河岸邊曬太陽時，會將嘴巴張得大大的。此時鱷鳥就會飛來，鑽進鱷魚口中啄食牠口腔裡殘留的肉屑。有些鱷鳥則是毫無忌憚的在鱷魚背上啄來啄去。原來鳥兒靠著這些動作，可以得到鱷魚背上的寄生蟲或是口腔裡的肉屑殘渣當作食

物。而鱷魚也能靠著鱷鳥清除口腔或是身上的寄生蟲。兩種動物共生，各自都可以獲得好處呢！

螞蟻＆蚜蟲

蚜蟲喜歡吃農作物，人們往往可以發現危害農作物的蚜蟲旁，有螞蟻在排徊。其實蚜蟲與螞蟻有著相當親密的關係。當螞蟻用觸角輕觸蚜蟲的屁股，蚜蟲就會排放一種「蜜露」，這是蚜蟲吸食作物的汁液後，所排放出來的液體，含有大量糖分，是螞蟻最喜歡的食物。當蚜蟲遇到危險時，螞蟻也會挺身護衛牠。冬天為了怕蚜蟲卵被凍死，螞蟻甚至還會幫忙把蚜蟲卵搬到自己家裡，等春天到了，再把小蚜蟲搬到好吃的植物上。

何謂共生？

共生是指兩種或兩種以上的生命體以某種特定的方式結合在一起共同生活。

共生的型態

共生的基本型態可簡單分成三類：（1）寄生：一方受益，另一方則受害；（2）片利共生：一方受益，另一方則無明顯利害變化；（3）互利共生：共生兩方均受益。

片利共生與寄生的例子

片利共生：鮣魚＆鯊魚、海龜

鮣魚的身體細長，頭部寬闊扁平，牠的第一背鰭變成了橢圓形的吸盤，很像一枚印章緊緊嵌在頭頂的背面，所以叫鮣魚。鮣魚會用這個吸盤附著在海龜或鯊魚身上，跟著海龜或鯊魚移動，撿拾吃剩的食物碎屑，如此一來鮣魚就不需要費力游泳或找食物。

而且還能夠依仗寄主龐大的身軀，狐假虎威，使敵人不敢欺負牠。這樣的共生型態，對鮣魚而言是有利的，被附著的海龜或鯊魚則無影響。

寄生：菟絲花＆大樹

寄生植物全身大多沒有葉綠素，也沒有根，所以它會利用一種特殊的吸器，深入寄主植物身上去吸取養分。菟絲花就是寄生植物的一種，它寄生在樹幹上，會用特化的吸收根伸入大樹樹幹的維管束裡頭，吸收裡面的水分與養分。菟絲花的數量少的時候，會造成大樹的生長延遲、衰弱，數量龐大時，甚至會造成大樹的死亡。

隨堂小測驗

分辨看看，下列共生關係屬於何種型態？

a. 人類&蛔蟲
b. 蝦子&蝦虎魚
c. 珊瑚&海藻
d. 大樹&附身蕨類
e. 藤壺&螃蟹

答案：a是寄生關係、d.e是片利共生關係、b.c是互利共生關係。

Part 6
張爸爸私房篇

白蛇精為了報復洞穴被毀之仇，
將當時的王后綁回「長坑洞」中，
然後變成王后的模樣回到王宮裡面，
把宮裡的三十六宮娥全部變成腹中的食物。

順天聖母陳靖姑傳奇

｜佚名｜故事屋

張爸爸說故事

很久以前，在福建省泉州府東門外的洛陽江，水流相當湍急，渡船很不方便，當時的地方官「宋忠」負責造橋的事情，可是造橋工程艱困，所需要的經費又很龐大，當他感到無助的時候，便常常向觀世音菩薩祈求。

就在二月十九日觀世音菩薩聖誕那天，慈悲的觀世音菩薩決定親自幫忙建橋計畫。祂化成一位美女坐於船頭，將蓮花化成彩船，竹枝化為船舵，並請當地「土地公」化成船夫掌舵。然後告知來往的人們，如果能夠用金銀投到美女身上，就可以娶美女回家，沒有投中的話金銀就沒收，作為造橋的經費。

觀世音菩薩心想一般人根本不可能投中，可是有一個名叫王小二的老實人，以賣菜維生，用他所有的積蓄去丟，但每次都失敗。就在此時，觀世音菩薩得知九霄之外的另外一位神仙呂洞賓要來看熱鬧，怕祂做怪，乾脆施法讓王小二丟中。不過觀世音菩薩是仙佛，不可能與凡人結婚，便做起大風讓小船翻覆，希望他不再做非份之想。

王小二人財兩空後，萬念俱灰竟然就投江自盡。觀世音菩薩將他引渡轉世到古田縣劉家，俗名叫「劉杞」，靜待另一世和觀世音菩薩的未了因緣。

但是愛看熱鬧的呂洞賓還是來了，他的半根白頭髮不小心掉到江裡，變成了一條大白蛇，觀音大士知道自己的人間因緣未了，而且白蛇即將危害人間，於是咬破手指，將一滴血化為一顆楊梅流到福州。當地有一位善良清廉的大官陳昌，他的太太葛氏在水邊洗衣服時忽然看到楊梅漂來，吃下後竟然懷孕了。

葛氏在正月十五日生了一個女孩，取名「靖姑」。女孩出生時，屋內充滿紫色的煙霧，是吉祥的預兆。這位陳靖姑就是後來的順天聖母娘娘。

陳靖姑十三歲的時候，拜許真君為師修習道法，十六歲學成歸里。十八歲奉雙親之命嫁給福建古田縣的劉杞，他就是當時王小二的化身。也算了結了觀世音菩薩在人間的一段因緣。

當初陳靖姑三年學成，拜別師父許真君要返家時，許真君再三告誡她記得只管一直往前走，千萬不可以回頭觀望，但是她捨不得師父，走了二十四步後又回頭去找師父。難過的師父只好告知陳靖姑，這麼做會讓她在二十四歲時有大難發生，只好再三交代她在二十四歲那年，千萬不能施法也不能動法器，才可以保得平安，並送給陳靖姑「牛角吹、法繩、寶劍」三項法器，以防不備之需。

陳靖姑下山之後，先是在十八歲那一年，為了救未婚夫劉杞破了當時為害人間的白蛇洞。白蛇精為了報復洞穴被毀之仇，將當時的王后綁回「長坑洞」中，然後變成王后的模樣回到王宮裡面，把宮裡的三十六宮娥全部變成腹中的食物。

白蛇精為了加害陳靖姑，還迷惑閩王取陳靖姑的心來治病。陳靖姑聽聞白蛇精再次危害人間，於是將計就計進入閩王王宮內，降伏白蛇精，將牠斬為三段，白蛇頭鎮於白龍江的洞中。

接下來陳靖姑救出王后陳金鳳，並把被白蛇精吃掉的三十六位宮女的骨灰排列，施法變回原來的模樣。閩王感念陳靖姑救王后有功，便將三十六位宮女賜予陳靖姑為徒，也就是今日我們稱呼的「三十六婆姐」。陳靖姑盡心傳授她們法術，使她們都能捉妖除鬼怪、救助難產、保護嬰兒。這也是為什麼後來順天聖母成為孩子守護神的原因呢！

在陳靖姑二十四歲那年，福建臨水鄉一帶久旱不雨，災情嚴重。鄉民爭相請她施法祈雨，陳靖姑為救百姓黎民，只好不顧師父許真君的告誡。當時她其實已經懷孕三個月，更增加了危險的程度，但她為了拯救蒼生，決定冒險求雨。

陳靖姑先用法術，將胎體拿出來放在一個缸裡，將房門關好，施法用一張八卦圖蓋住，又把草繩化成一隻猛虎鎮於後門，再將屋子變做一座蓮池。之後便施法到達天庭，懇求玉皇大帝，玉皇大帝被她的善心感動，天降甘霖，萬物復甦。

可是，白蛇精的頭為了報仇，竟然帶著另一個壞蛋長坑鬼找到了陳靖姑的孩子，一口把她的孩子吃掉了！陳靖姑因此胎氣大損，只好拖著殘剩的體力繼續追白蛇頭與長坑鬼。此時在水裡的長坑鬼想要拉陳靖姑入水，還好陳靖姑的師父許真君派出了鴨子，幫忙拉住草蓆，最後白蛇頭逃進臨水洞，陳靖姑施法將洞口封住，終於收伏了白蛇頭，卻也因為體力耗盡及淋雨，身子坐在白蛇洞上後就死掉了。當地居民為了感念陳靖姑的事蹟及英勇行為，尊她為「臨水夫人」，在臨水的洞口建廟祭祀她。

所以今天大家如果去到那裡，可以找找看白蛇在哪裡哦！陳靖姑在死前曾說：

「我死後一定要成為護產之神，救人難產！」仙逝後的陳靖姑，靈魂飛到師父許真君那裡補授投胎、救產、佑童的法術。羽化成仙後便成了民間信仰推崇的「臨水夫人」順天聖母娘娘。

當地也因此衍生了很多的習俗，比如說：為了感念鴨子的幫忙，拜拜或平日都不吃鴨子，女孩子們二十四歲時都不生小孩呢！

深愛理由

從這個故事裡面，大家有沒有再次發現，中國傳說故事真是超精采呢！張爸爸每次看到這樣的故事都很感動，尤其是看到當地的民間習俗與神話的關連，真的可以感受到當時的人們對神明的崇敬。在台灣人熟悉的神明裡面，竟然沒有這位保護孩子的順天聖母娘娘，身為愛孩子的人，怎麼可以讓大家錯過這個很棒的故事呢！下次您有朋友要生孩子的時候，別忘了也可以去向順天聖母娘娘祈求平安哦！

進行方式

這個故事其實滿長的，建議大家在互動方式上可以用一些輔助的資料，比如說：如果您會畫畫，就畫幾張圖，把人物畫出來，如果不會畫也沒關係，可以上網找這些人物的資

料，然後印出來哦！這都會讓小朋友對人物的印象更深刻。

最後的鬥法情節，請記得不要直接說出答案，這樣就不好玩了！可以請孩子猜猜看，接下來該怎麼辦，然後再往下公布答案，當他們知道之後的發展，可是會露出「哇」的可愛表情哦！

深度互動

建議大家可以帶一些照片，讓孩子有機會認識一下平常廟裡供奉的神明呢！別認為張爸爸有宗教的企圖，再次跟大家強調不管任何一個宗教，都可以介紹給孩子去認識，畢竟對神明的尊重，會讓人學會謙卑呢！這句話可是葉問說的哦！

後來士兵又在路上遇到一位神槍手，
正準備瞄準一隻停在樹上的蒼蠅，
這位神槍手竟然把蒼蠅給打死了。
士兵一看便對他說……

六人闖遍天下

—格林兄弟

張爸爸說故事

從前有一個國王，身邊有一位常常幫他做事的勇敢士兵。可是當士兵要退休時，國王原本答應給他很多禮物，最後卻只給了他一點點，並說：

「我不想給你了，不然這樣好了，我身邊有很多厲害的人，如果你可以找人來跟他們比賽，並且打敗他們的話，我就給你更多的禮物。」

生氣的士兵只好出發去找幫手了。

當他走進森林裡的時候，看見有個大力士站在林子裡，只用一隻手便把一棵大樹給拔了起來。他便對大力士說：「可不可以請你幫忙我去打敗壞國王呢！」這個大力士一口就答應了。

後來他又在路上遇到一位神槍手，正準備瞄準一隻停在樹上的蒼蠅，這位神槍手竟然把蒼蠅給打死了。

士兵一看便對他說：「可不可以請你幫忙我去打敗壞國王呢！」這個神槍手也答應了。

三個人往前走時，突然一陣強風吹來，他們被吹得幾乎沒辦法走路，往前再走看到有一個人坐在樹上，堵住一個鼻孔，當他從另一個鼻孔吹氣出來時，竟然能使七座風車不停轉動，而且轉得非常快。

士兵又說：「可不可以請你幫忙我去打敗壞國王呢！」這個大鼻孔也答應一起去了。

這四個人走了一段時間之後，突然有一個全身黑黑的人，從他們身邊很快的跑過去，然後又很快的跑回來跑過去。他們趕緊去找他，卻看到這個人竟然卸下了一條腿，只用一隻腳站立著休息。

他說：「我是飛毛腿，如果不把一條腿卸下來，我會跑得很快很快，比鳥飛得還要快，這樣就沒辦法休息了。」

這時士兵又說了：「哇，可不可以請你幫忙我去打敗壞國王呢！」

這個飛毛腿也加入他們的隊伍。

沒過多久，最後他們五個人又遇到一個帽子戴在耳朵上的人，這個帽子戴在耳朵上的人說：「只要我把帽子戴在頭上，旁邊就都會變成冰塊哦！」

當然，士兵也邀請了冰塊人，六個人一起去打敗壞國王。

碰到國王後，國王說：「找個人來跟公主賽跑，如果跑贏公主，我就把禮物給你。」

飛毛腿說：「沒問題，讓我來跑！」士兵當場和國王約定好誰先把遠方井裡的水取來，誰就獲勝，之後便幫飛毛腿裝上另一條腿，並對他說：「一定要跑得快，才能幫助我們獲勝！」

當飛毛腿與公主同時起跑後，才一轉眼的功夫，飛毛腿便已經跑到了井邊，取到滿滿的一罐水，而這時候公主卻只跑了一小段路。飛毛腿因為覺得公主跑得太慢了，竟然偷懶躺下來休息。這時公主看到飛毛腿在睡覺，便將飛毛腿的水全部倒在她自己的罐子，然後趕緊往回跑。怎麼辦呢？

還好，神槍手在城堡上剛好看到這一幕，於是他便在獵槍裝上子彈，射了一顆子彈打在飛毛腿的屁股上，飛毛腿嚇醒了過來，趕緊重新跑回去將水裝滿。因為飛毛腿實在跑得太快了，結果，最後竟然比公主還提早十分鐘到達城堡，這可是讓國王驚訝得嘴巴都合不起來。

奸詐的國王決定假裝邀請這六個人吃一頓豐盛的大餐，便帶他們到一個鐵房間裡，這個房間的地板是鐵作的，門也是鐵作的，窗上也都裝著鐵柵欄，裡面放了一張擺滿食物的大桌子。當這六個人開始吃起食物後，國王便將門鎖起來，並要廚師在房間的下面燒火，一直燒到鐵板發紅為止。

這時候，六個人開始覺得害怕了，而且房間也越來越燙，這時候他們才發現國王起了壞心，將他們鎖起來，打算把他們六個人烤焦。正當大家燙得在鐵板上跳舞的時候，冰塊人立刻將他的帽子戴在頭上說：「大家別怕，看我的厲害！」果然，鐵房間裡面的地板結成冰塊，再也不燙了。

壞心的國王發現用火也沒有辦法傷害這六個人，便說：「好吧好吧！你拿個袋子來，但是只能一個人來拿，只要他搬得動，他想要拿多少都可以。」

這次，士兵派了大力士拿了一個很大很大的大袋子去見國王。

於是國王只好不停的從各地運來許多寶藏，但是無論如何就是裝不滿這個袋子。最後大力士輕鬆的把裝著財寶的超大袋子扛走後，國王一氣之下，便派出軍隊去追趕這六個人，想將裝著財寶的袋子給搶回來。

當軍隊終於趕上這六個人並且想要將袋子搶走的時候，大鼻孔站出來說：「想要搶走我們的袋子？呼！我要把你們通通吹到天上去！」說完，便按住一個鼻孔，用另一隻鼻孔對著軍隊吹氣，不一會兒便將所有軍隊都吹到半空中。

國王知道之後只好說：「讓這六個人走吧，他們是真的很厲害！」

於是，這六個人便將財寶平分了之後，一起過著幸福的生活。

這個故事大概就是最標準的格林童話了，只不過張爸爸有將它稍微改編一下，就像當時的格林兄弟，花了很多的時間去整理口述的童話一樣。因為在原版的童話中，其實有很

多不適合孩子看的血腥描述，但我可是保留了故事中所有的精采元素哦！每回說給小朋友聽，他們都超專心投入，還會跟著劇情不斷猜接下來的情節，並且答出找誰來克服眼前的危機。

哇！一場故事下來，孩子可是成就感十足呢！更不用說最後出人意料的結果了！

請爸爸媽媽或是志工們千萬不要自己一直講，可以讓孩子自己動腦想想看，**要找誰來處理故事主角碰到的危機**，如果一時想不出來，可以給孩子一些線索哦！

同時在故事進行中，建議大家和孩子，一起跟著主角做動作，可以學大力士拔樹搬禮物、學神槍手射蒼蠅、學飛毛腿跟公主比賽、學冰塊人戴帽子救大家、學大鼻孔吹風趕走壞人，呵呵！您會發現孩子可是會永遠記得這個故事呢！

深度互動

其實還可以讓孩子自己編劇哦！讓他們想出其他的特殊能力，然後編出孩子版的六人闖遍天下，甚至演出小型的話劇，可是非常好玩的呢！

啊嗚是什麼

—佚名

有一天，這個壞心的富翁，
叫來一個叫作小方的僕人，
要小方去買一個叫作「啊嗚」的東西，
小方嚇了一跳，因為哪有東西叫作「啊嗚」呢？

張爸爸說故事

古時候，在一個村子裡面，住著一個貪心又對別人很壞的富翁，富翁的身邊有很多的僕人在服侍他，但是這個富翁常常欺負他的僕人，要僕人去買不可能買到的東西。

有一次，他叫其中一個僕人去買「噹噹」，又有一次，他還叫另一個僕人去買「啦啦」，如果買不到的話，他就會把這個僕人關起來，或是不給他飯吃，因此所有的僕人對富翁都是敢怒不敢言。

有一天，這個壞心的富翁，叫來一個叫作小方的僕人，要小方去買一個叫作「啊嗚」的東西，小方嚇了一跳，因為哪有東西叫作「啊嗚」呢？但是他也不知道怎麼辦才好，只好出去找找看。

可是，這時候再怎麼難過也沒用啊！小方決定要動腦想一下。

啊！有了，過了一會兒，小方又回到了富翁家裡，富翁看見小方便問他：「啊嗚在哪裡？」

小方從他的身後，拿出了一個瓶子。富翁說：「這只是一個瓶子而已啊！」

小方說：「哦！對不起，啊嗚在瓶子裡面，您伸手進去就知道了。」

於是富翁把手伸進了瓶子裡面，哈哈！原來瓶子裡面是一隻螃蟹呢！螃蟹一看到了富翁的手便用力夾了一下，於是就聽到富翁大喊：「啊嗚！」

旁邊的僕人都笑了出來，富翁也覺得很不好意思，以後再也不敢欺負人了！

這是我兒子女兒百聽不厭的故事，而且還會常常去講給別人聽喔！雖然簡短，但是裡面蘊含的趣味與智慧，會讓聽的人不禁莞爾，會心的一笑呢！

進行方式

可以先讓小朋友猜猜看，到底那個聰明的僕人小方，在瓶子裡面放的是什麼東西？別急著公布答案，看著孩子抓頭思考的樣子，可是非常有趣的哦！

深度互動

別忘了，最後還可以由你來出「聲音題」，比如說：「噹噹」、「鏘鏘」、「啦啦」，讓孩子猜猜看，可以買哪些奇怪的東西，這樣可以訓練他們對平常聲音的注意與觀察哦！

大海在哪裡

—張爸爸—故事屋

走啊走啊，壯壯碰到了嘴巴好大的河馬，他問：

「河馬啊河馬，你知道大海在那裡嗎？」

河馬回答：「你一直往前走，一直往前走，

看到有船的地方，就是大海了！」

張爸爸說故事

壯壯是一隻住在森林裡的可愛大象，牠最喜歡讀書了，也很想跟書裡面的人一樣去冒險。

有一天，牠在一本書上看到了好漂亮的藍色大海，壯壯覺得大海好漂亮哦！但是牠竟然從沒有看過，於是牠決定要出發去尋找大海了！

走啊走啊！壯壯碰到了小小的小鳥，「小鳥啊小鳥，你知道大海在那裡嗎？」

小鳥回答他：「你一直往前走，一直往前走，走到沒有地板的地方，就是大海了。」

壯壯好開心啊！牠高興的繼續往前走了。

走啊走啊！壯壯碰到了高高的長頸鹿，「長頸鹿啊長頸鹿，你知道大海在那裡嗎？」

長頸鹿回答牠：「你一直往前走，一直往前走，聽到有海浪『沙沙，拍拍』聲音的地方，就是大海了！」

壯壯好開心啊！他高興的繼續往前走了。

走啊走啊，壯壯碰到了嘴巴好大的河馬，「河馬啊河馬，你知道大海在那裡嗎？」河馬回答牠：「你一直往前走，一直往前走，看到有船的地方，就是大海了！」

壯壯好開心啊！牠高興的繼續往前走了。

走啊走啊，壯壯碰到了愛睡覺的獅子，「獅子啊獅子，你知道大海在那裡嗎？」獅子邊打哈欠邊回答牠：「你一直往前走，一直往前走，走到太陽回家睡覺的地方，就是大海了。」

壯壯好開心啊！而且牠發現太陽真的要回家睡覺了呢！於是牠趕緊向著太陽回家睡覺的方向跑過去。

走啊走啊，壯壯聽到了一種好特別的聲音哦！「沙沙，拍拍」那是海浪的聲音呢！快點快點哦！大海就快到了。

又看到了船，太好了！快點快點哦！大海就快到了！

哎呀！趕快緊急煞車，呵呵！因為沒有地板了。

哇！沒錯，壯壯終於找到大海了，好美好美啊！

壯壯好想把大海帶回家哦！好想把大海裝進口袋哦！可是不行啊！於是，壯壯撿起了一個好大的貝殼帶回了家做紀念。

只要壯壯想念大海的時候，牠就會拿起貝殼，聽聽「海風」的聲音呢！

深愛理由

這樣的故事，路上的線索與結果有完美的連結，當我們講給孩子聽的時候，孩子除了專心聽，更會隨時提醒您還有哪些線索，所以非常的好玩。同時透過隱藏在故事語言中的動作、聲音、顏色，更會讓孩子訓練所有知覺的敏感度呢！

進行方式

每個動物出場的部分，可以用「演的」，讓孩子猜猜看是什麼動物來了，同時賦予這些動物們一些不一樣的感覺。

比如說：小鳥可以很輕盈的講話，長頸鹿則是用伸長脖子的方式來表演，河馬當然是張大嘴巴囉！像我給孩子說這個故事的時候，一講到「獅子」，就一直打哈欠。（因為獅子本來就是很愛睡覺的動物，牠們一天可以睡十幾個小時呢！）如此小朋友就會覺得很有趣呢！

「告訴你喔，我有跟大象壯壯借了牠的神奇寶物，我們一起把它找出來，好不好？」不妨可以事先準備一個海螺，或是大型貝殼，但是在說故事前請先藏起來，在故事結尾的時候這樣跟小朋友說，然後大人小孩一起尋寶，當「挖到寶」的那一刻，孩子臉上那個無比驚訝、開心的表情，可會讓您偷笑在心裡呢！

深度互動

這個故事的最後，其實可以跟孩子討論**海邊還有哪些特別的地方？**比如說：海水是鹹的、海風聞起來的味道，或是介紹螃蟹、彈塗魚等海邊的生物。

所以，當您重複說這個故事的時候，就可以把這些元素加進去了，這故事可就是您和孩子一起改編的經典故事哦！

很多客人都故意少放錢多拿油，
但很奇怪的是，
不管大家怎樣拿油，那個裝油的缸子，
永遠都是滿滿的。

誠實油

—佚名

張爸爸說故事

從前有一個很繁榮的城市叫作東都。東都的大街上，開了一間有趣的店，名叫「誠實油」。

老闆是一個白髮蒼蒼的老爺爺，誠實油這家店的生意非常好，原因除了他賣的油品質很好之外，而且很有趣的一點是，老闆在門口掛了一個箱子由客人自己投錢，也就是說買多少油就放多少錢，一切全憑客人自己的良心。

很多客人都故意少放錢多拿油，但很奇怪的是，不管大家怎樣拿油，那個裝油的缸子永遠都是滿滿的。所以大家常常猜，這個白髮蒼蒼的老爺爺應該是神仙吧！

在距離東都不遠的地方，住著一對母子，他們人很老實，男孩名字叫作小誠，每天都很努力的砍柴和工作，然後再將木柴挑到城市裡去賣，換來的錢全部都拿給母親，附近的鄰居都說小誠是一個孝順的孩子。

有一天，小誠要去東都賣木柴，出門前媽媽拿給他一個裝油的瓶子，叫他順便買油回來。小誠到了東都以後，賣完了木柴，來到誠實油的油店。他發現大家都是自己投錢拿油的，於是把自己今天賣木柴賺來的二十塊錢全部都投進了油錢箱子裡，然後開心的回家了。

小誠回到了家，媽媽看見他說：「油買了嗎？」

小誠立刻將油瓶遞給媽媽。媽媽接過油瓶，發現這個油瓶的油拿起來感覺比平常的重，就問小誠說：「小誠啊，你付了多少錢給老闆啊？」

小誠回答說：「二十元啊！」

媽媽說：「小誠啊，這樣你少給老闆錢啊！我們可不能欺騙老闆哦！趕快去把多的油還給老闆。」

小誠覺得好慚愧哦！於是他趕快出門到了油店，向老伯伯老闆道歉後，就將多餘的油倒回了油缸裡。路旁經過的人，有一些人都笑這個小誠真是太笨了。

這時候，老伯伯老闆突然走到了小誠的面前對他說：「小誠，你真是一個誠實的人，難得難得！現在我要告訴你一件事情，你一定要記得哦！過幾天，你要是見到東都城門外石獅子的嘴巴流血的話，就要趕快朝北方逃哦！不然可是會死的，千萬記得哦！」

老伯伯講完之後，整家油店像一陣煙似的突然消失了！

這下子，小誠真是驚訝極了，於是從那天開始，他每天都會注意東都城門外石獅子的嘴巴有沒有流血。

小誠也把這件事告訴了媽媽，媽媽說：「奇怪，石頭做的獅子怎麼會流血呢？不過那個老先生一定是個神仙，所以你還是要多注意哦！」

從那天之後，小誠只要來到東都，都會仔細看看那隻石獅子。不過每次小誠在那裡都會遇到一個賣豬肉的屠夫，這個屠夫發現，小誠只要每次經過石獅子，都會仔細的看那個石獅子，他實在覺得很奇怪。

有一天，他實在是忍不住了，就問小誠為什麼，小誠很老實的將老公公告訴他的話說給了屠夫聽。

屠夫聽完哈哈大笑，就說：「你這個傻瓜，石獅子怎麼會流血呢？我看你是被那個老公公給騙了！」說完屠夫就跑走了。

隔天，天上突然下起了大雨，剛好屠夫要準備進城被困在城門口。屠夫這時看到了那個石獅子，突然想起小方說的話，於是決定要作弄他。

接著，屠夫從他的豬肉籃裡拿出一罐豬血，倒進了石獅子的嘴巴，石獅子立刻流下了鮮血。

這時候，小誠剛好正要進城，經過城門看了石獅子一眼，嚇了一大跳，因為他發現石獅子的嘴巴真的流血了！於是大叫一聲，趕快著急的跑回家去了。屠夫看見小誠那個匆忙的樣子，笑得肚子都疼了。

小誠跑回家，急急忙忙的把石獅子流血的事情告訴了媽媽和鄰居們，請他們趕快往北逃。有些人覺得小誠很好笑，有些人則認為誠實的小誠應該是不會說謊的，於是這些相信小誠的人趕快把行李準備好，就和小誠以及他的媽媽往北方逃去了。

接下來就看到雨越來越大，風越來越強，小誠揹著母親帶著相信他的人，馬不停蹄的朝北方一直一直走。就在他們走到離城不遠的地方時，突然聽到一聲轟然巨響，大家回頭一看，發現整個東都城都塌了下來，出現了一片汪洋大海。

小誠帶著大家趕快再往北方走，過了一會兒，才沒有被海浪給追到。

小誠的鄰居們很開心的感謝他，小誠的媽媽告訴大家，這都是因為小誠很誠實的關係，才獲得了神仙的幫助呢！

深愛理由

在中國的傳說裡面，神仙往往不會直接告訴你答案，或是給你禮物，通常都會讓凡人去經歷一個信仰的考驗。我一直很喜歡這樣的邏輯，因為會讓孩子在潛移默化中瞭解付出代價的重要性。

可別小看這樣的邏輯哦！透過故事與孩子分享，如同啟發小小的心靈智慧種子的養分，當養分日積月累，未來當人生考驗來臨的時候，可是會帶給孩子很大的力量呢！

進行方式

在這個故事裡面，有幾個地方需要很清楚說明，因為大人能懂，但是小朋友會不太知道其中的關連性。

像是真實世界裡的石獅子是不會流血的，所以這也衍生出另一個可以在故事進行中問孩子的重要問題：「**如果你是小誠的鄰居，你會跟著他一起逃走嗎？為什會呢？因為石頭獅子的嘴巴應該不會流血啊？**」

這個問題的重點在於，那是因為小誠從來不說謊，所以別人才會相信他講的話，如此一來，就可以啟發孩子關於「誠實」的重要性！

深度互動

這個故事如果是說給小小朋友聽，那大家聽完故事就好，但如果是針對比較大的孩子，張爸爸建議可以和孩子討論，如果你是去跟老爺爺買油的人，你會騙他嗎？

其實這個問題很有趣，可以牽扯到一個人面對自己時的責任和要求。

我通常會問孩子另一個更刺激的問題是：「**請問你哦，如果你騙那個老爺爺，他又不會知道，又不會生氣，這樣你還是可以騙他嗎？**」呵呵！這個問題可以引導出很多有趣的討論呢！

鸚鵡站在駱駝的頭上，
害羞的猴子緊緊抓著駱駝的脖子好怕掉下來呢！
獅子最好笑了，坐在公主的背後，緊緊抱住公主的腰，
像是在騎摩托車，真是可愛！

沙漠公主歷險記

—佚名

張爸爸說故事

很久很久以前，在一片沙漠當中，有一座城堡，城堡裡面住著善良的國王、皇后和他們最可愛的小女兒「豆豆公主」。

豆豆公主有四隻動物好朋友，分別是懶惰的獅子、害羞的駱駝、瘦瘦的猴子和小小可愛的鸚鵡，她們過著快樂的日子！

可是有一天，沙漠裡面的大壞蛋「黑暗法師」突然帶著軍隊來欺負他們，國王帶領軍隊和黑暗法師的軍隊決鬥。可是國王受傷了，大家都好擔心哦，不知道該怎麼辦才好？

國王把豆豆公主請到他的床前，告訴她：「豆豆公主啊，爸爸受傷了，現在只有請妳去找人來幫忙，在離我們城堡不遠的小山上有一個山洞，裡面有一個勇敢強壯的巨人。聽說他是因為不小心被黑暗法師關在裡面，妳去找找看，如果他可以來幫忙，一定可以打敗那個黑暗法師的！」

豆豆公主說：「可是爸爸，我只是一個小朋友，我有辦法嗎？」

國王爸爸說：「不要小看自己，妳雖然小，但是也可以做很棒的事情哦！」

豆豆公主雖然害怕，但是想到受傷的爸爸，於是鼓起勇氣答應了爸爸，一定趕快帶巨人回來救大家。

豆豆公主把四隻動物找來，告訴牠們她要出去找人來幫忙，四隻動物很想幫忙公主，但是牠們和公主一樣害怕。

獅子說：「公主我不知道我有沒有辦法幫忙呢？我只是一隻懶惰的獅子啊！」

駱駝說：「對啊！我也只是一隻害羞的駱駝啊！」

猴子說：「對啊！我很瘦的，可能什麼忙也幫不上。」

鸚鵡說：「我也只是一隻小小的鸚鵡呢！」

豆豆公主說：「大家別再擔心了，爸爸受傷了，不管怎樣我一定要把巨人帶回來。而且我爸爸說我們雖然小，但是也許也能夠做很棒的事情哦！走吧！」

於是她們就出發了。

可是沒想到，她們才剛從城堡的後門一出來，就碰到了壞蛋的軍隊，這下子要怎麼辦啊？

豆豆公主說：「獅子，這些壞蛋就交給你了，你雖然愛睡覺，但是你的聲音可是全世界讓人最害怕的聲音呢！」

獅子聽了豆豆公主的話，就變得超級有力氣，接著牠用力往前一跳，張開牠的大嘴巴，大聲的「吼」了一聲，結果那些壞蛋差點沒暈倒，嚇得趕快逃走了。

於是她們繼續出發，可是一踏出城堡，這時候公主才發現沙漠好燙呢！根本沒辦法繼續往前走，這時就看到駱駝蹲了下來說：「豆豆公主交給我吧！妳忘了，我雖然害羞，但我可是最不怕熱的動物呢！」

大家好高興的爬到了駱駝的身上，但是看起來滿好笑的——鸚鵡站在駱駝的頭上，害羞的猴子緊緊抓著駱駝的脖子好怕掉下來呢！獅子最好笑了，坐在公主的背後，緊緊抱住公主的腰，像是在騎摩托車，真是可愛！

但是走啊走，走啊走，太陽真的好大呢！她們已經走到快迷路了，怎麼辦呢？小鸚鵡飛了起來說：「大家別擔心，我雖然很小，但是我可以飛得很高，我飛上去看看那個山洞在哪裡吧？」

還好有小鸚鵡的幫忙，她們才沒有迷路，終於來到了山洞的前面。

真的呢！山洞裡面關著一個巨人呢！豆豆公主大聲的說：「巨人先生，我是豆豆公主，想請你幫忙去打敗黑暗法師。」

可憐的大巨人彎著腰，被關在山洞裡面。大巨人小聲的說：「好啊！那個黑暗法師最壞了，我也想幫妳，但是我出不去啊！山洞上面有一棵好高的樹，鑰匙就在上面，你們可以拿到嗎？」

但是豆豆公主怎麼可能爬上去呢？

就在這個時候，猴子說：「我來吧！我雖然瘦，但我可是爬樹高手呢！」

哇！猴子好厲害，一下子就爬到上面拿了鑰匙下來，於是她們趕快把巨人放了出來。巨人說：「謝謝你們！我們快去打敗黑暗法師吧！」

他把大家放在他的肩膀上面，才跑了幾步就回到了豆豆公主的城堡旁邊。

黑暗法師本來快要攻進了國王的城堡，突然聽到了「轟轟轟」的聲音，抬頭一看，哇！原來是巨人來了！只看到巨人一揮手，一踢腳，黑暗法師的軍隊一下子就飛到了好遠的地方，最好笑的是，大巨人蹲下來用手指頭用力一彈，哈哈！黑暗法師「砰」的一聲，不知道飛到哪裡去了！

巨人彎下腰來說：「豆豆公主謝謝妳啦！我要走了，下次再來找妳玩囉！」

公主回到城堡，國王爸爸說：「豆豆公主，妳真是太厲害了！」

豆豆公主說：「爸爸，您說的是真的呢！原來我和我的朋友雖然小，但是也可以一起合作做出很棒的事情哦！」

深愛理由

不知道大家有沒有注意到，在《功夫》、《少林足球》等周星馳的一些片子裡面，很多主角都是沒有名字的，不信的話可以回想看看哦！在媒體的報導中，星爺是希望能夠傳遞小人

物也可以做出大事的觀念。

同樣的，像沙漠公主這樣的故事，除了讓孩子覺得很有趣之外，也能讓孩子自然的產生自信呢！因為在這個故事裡面，每個角色都有自己獨一無二的特性與缺點，卻能一起完成一件偉大的事情，張爸爸覺得我們這個社會太重視英雄主義了，往往一直想用同樣的標準來要求和限制孩子，可是千萬別忘了——沒有小螺絲，再厲害的機器也是無法運轉的！

所以希望這個故事也能提醒爸爸媽媽注意孩子的獨特之處哦！

進行方式

這個故事真是太好互動了，請別急著說出路上她們解決困境的方式，您會發現讓孩子自己想出答案，對他們來說真是太有成就感了！同時建議您可以和張爸爸之前說故事的方法一樣，我有設計一個幫自己加油的動作，就是輪流用手輕輕敲打自己的胸膛，大喊：「加油！」

然後在路上只要遇到困難，那位該出來的動物就會用這種方式幫自己加油！不過可以加點好笑的部分，比如說獅子因為指甲尖，所以加油時會插到自己的肉。駱駝四隻腳，但是用兩隻腳幫自己加油會跌倒。小鳥幫自己加油時忘了揮翅膀會從天上落下來。猴子幫自己加油也會從樹上掉下來。

呵呵！孩子看到這個過程可是會笑到跌倒呢！不過下次他們遇到困難的時候，也可以請他們用這個方法幫自己加油呢！

深度互動

說完這個故事，可以和孩子討論所有的動物各自厲害獨特的地方在哪裡？然後再和孩子聊聊，他們自己厲害的地方在哪裡？這個過程不只是鼓勵孩子，也可以讓您測驗一下自己了解孩子的程度哦！

老虎報恩

—佚名

老虎嘴裡叼了一個好大的籃子，

裡面裝了好多的水果，

媽媽走了出來，

突然發現老虎身上綁了一條大哥哥的手帕。

張爸爸說故事

從前從前在一個村莊裡住著一戶人家，有一個媽媽和一個大哥哥，可是這個媽媽因為年紀大了，所以都是大哥哥到山上去砍柴，拿去鎮上賣，換錢來照顧家裡。而且這個大哥哥，每天都會幫媽媽煮飯、按摩，附近的人都稱讚他是一個孝子。

有一天，這個大哥哥到山上去砍柴，正在砍柴的時候，突然聽到一個奇怪的聲音，好像是一隻動物在喊痛的聲音。他走到旁邊的草叢一看，發現在草叢裡有一隻老虎在哭。

大哥哥走到了老虎身邊，對著老虎說：「老虎先生，我來幫你看一下，但是你不可以咬我哦！」老虎好像聽得懂他講的話一樣，點點頭。

大哥哥就檢查了一下老虎的身體和手腳，發現在老虎的腳底下，插著一根好尖的樹枝哦！原來老虎受傷了，這時候大哥哥拍拍老虎的頭說：「老虎，我現在要幫你把這根刺拔起來，你要忍耐一下哦！然後等一會兒，我再幫你擦藥。」

老虎點了點頭，大哥哥把老虎腳上的刺給拔了下來，再幫老虎擦上藥，老虎站了起來，向大哥哥點了點頭就走了。

過了幾天，大哥哥去山上砍柴的時候，突然一個不小心滑了一跤，從路上摔了下去，結果滑到了懸崖的旁邊，大哥哥趕快抓住了一條樹根，大喊「救命啊！救命啊！」可是那條樹根太細了，結果大哥哥從懸崖山坡一路咕嚕滾啊滾，摔到了山崖下，奄奄一息的躺在地上！突然就聽到「吼」的一聲，原來是大老虎來了，大哥哥嚇了一跳，心想完蛋了。但是仔細一看，眼前不就是他之前救的那隻大老虎嗎？

大哥哥對著大老虎說：「大老虎，我受了很嚴重的傷，可能就要死掉了，我最擔心的就是我的媽媽了，因為如果我死了，就沒有人煮飯給她吃，也沒有人幫她按摩了，可不可以請你每天都帶東西去給我媽媽吃。我手上的這條手帕送給你，這樣媽媽就知道是我叫你來的了。」說完話，大哥哥把手帕綁在大老虎的脖子上，然後就死掉了。

大老虎站在大哥哥身邊，向哥哥跪下來，流下了眼淚。

那天晚上，媽媽在家裡等了等，都沒等到大哥哥回來，於是媽媽開始擔心了起來。隔天，神奇的事情發生了，早上他們家的門口，出現了很多水果。

媽媽覺得很奇怪就去問附近的鄰居，卻沒有人知道是誰送的。於是，有一天晚上媽媽決定不睡覺，要看看到底是誰送水果來。

結果，到了很晚的時候，突然有一個黑黑大大的影子，出現在他們家門口，原來是那隻大哥哥曾經救過的老虎。

老虎嘴裡叼著一個好大的籃子，裡面裝了好多水果，媽媽走了出來，突然發現老虎身上綁了一條大哥哥的

手帕。媽媽嚇了一跳，還以為大哥哥被老虎吃掉了，又難過又生氣的拿出棍子向老虎衝過去就打，老虎竟然也不跑，就讓媽媽打他。

打了一會兒，媽媽覺得怪怪的，就放下了棍子，向老虎點了點頭，老虎也向媽媽點了點頭，轉身就走了。

媽媽把這件事告訴了鄰居，大家都說一定是老虎吃了大哥哥，決定要把老虎抓起來。第二天當老虎又送水果來的時候，大家就衝上來，把老虎綁了起來。

可是老虎很奇怪，牠一點也不想逃走。大家把牠綁起來以後，決定明天要把老虎殺掉，免得牠又去吃人，可憐的老虎就被大家給關了起來。

還好那天晚上媽媽在睡覺的時候，突然夢到了大哥哥。大哥哥說：「媽媽，對不起，我去山上砍柴的時候，不小心摔到山下去了，不是老虎把我吃掉的。所以，媽媽您要對那隻老虎好一點，是我拜託牠要來照顧您哦！牠以後就是您的兒子了。」

媽媽聽完了大哥哥說的話，起床以後趕快跑去找鄰居們，告訴他們發生的事情。大家都覺得這真是太神奇了，於是趕快把老虎給放開來，老虎出來以後，走到媽媽的身邊，用頭輕輕的靠著媽媽。

媽媽摸摸老虎的頭，流下了眼淚說：「老虎謝謝你，我會把你當作我自己的兒子的。」

於是媽媽就帶著老虎回到了家裡。從此以後，老虎每天都會上山去拿水果給媽媽吃，幫大哥哥孝順他的媽媽。村子裡的人都叫這隻老虎是「老虎孝子」。

深愛理由

「要乖乖聽爸爸媽媽的話喔！」

「要做很多偉大的事情，讓爸爸媽媽高興喔！」

說到有關孝順的故事，張爸爸最怕的就是這種「太刻意」的故事，而且通常聽別人在講這類故事的時候，對方都會故意加強某些部分，弄不好其實還會有反效果呢！

不過，這個故事卻不會這樣，它透過了一個間接的方式，來讓孩子感受主角對媽媽的愛。

所以，只要您一講這個故事，就會發現一件事——小朋友怎麼聽得那麼專心啊！還有人會越聽越緊張，甚至哭出來呢！其實這樣的效果，真的比說教式的故事好很多呢！

進行方式

這個故事可以用講的，也可以用手偶來表演哦！

以幾個主要的角色來做簡單的手偶，就可以帶給小朋友很棒的觀賞經驗呢。同時，如果您是志工，還可以用舞台劇的方式來呈現故事，其實排演起來並不難，演出效果卻是非常好呢！

深度互動

有哪些方法，可以讓辛苦的爸爸媽媽高興呢？

在故事的最後，可以請小朋友寫下答案，或是讓他們自由發表，不過張爸爸建議大家，問答的方式一定要很輕鬆哦！這麼一來您會接收到一籮筐來自孩子們的家庭趣事和童真奇想哦！

阿嬤的房子，好像一個火柴盒哦！

而且好像到處都是補補貼貼呢！

門上竟然有一個大笑臉耶！

咦，那個鼻子怎麼是強強上次壞掉的火車玩具？

張爸爸說故事

今天強強好開心啊，因為聽爸爸媽媽說，今天放假要去山上阿嬤的家玩。

「這個阿嬤有超級好笑和神奇的魔法呢！」聽爸爸媽媽這麼說，不知道是真的還是假的？

終於到了山上，啊！這是阿嬤的房子嗎？真是太可愛啦！

阿嬤的房子，好像一個火柴盒哦！而且好像到處都是補補貼貼呢！門上竟然有一個大笑臉耶！咦，那個鼻子怎麼是強強上次壞掉的火車玩具？

推開門一走進阿嬤家，哇！阿嬤家的桌子竟然是一塊好大的石頭呢！

強強問阿嬤：「阿嬤，您怎麼不買一張桌子啊？」

阿嬤說：「這塊石頭就可以用來當桌子啊！強強，**東西可以用就好，別浪費！**」

阿嬤要大家坐下來吃飯，哇！阿嬤家的椅子竟然是四個倒過來的垃圾桶，強強問阿嬤：「阿嬤，您怎麼不買一張椅子啊？」

阿嬤說：「用壞的垃圾桶倒過來就是椅子啊！**東西可以用就好，別浪費！**」

嗯，阿嬤桌上的菜看起來好好吃，強強一下子就吃了兩碗呢！

阿嬤對強強說：「強強你知道嗎？今天的菜可是我在菜市場特別挑的呢！比如說有破掉的豆腐，或是不小心摔到的蛋，這些都比較便宜哦！可是煮起來一樣好吃啊！東西可以吃就好，別浪費！」

天黑了呢！阿嬤點亮了家裡的燈，嗯，阿嬤家的燈好好玩哦！外面那個燈罩好像是雨傘呢！強強問阿嬤：「阿嬤，您怎麼不買一個新的燈啊？」

阿嬤說：「上次雨傘被風吹壞了，修一修就能拿來當燈罩啊！**東西可以用就好，別浪費！**」

強強突然又發現，阿嬤腳上的鞋子好好笑哦！竟然縫縫補補的呢！強強問阿嬤：「阿嬤，您怎麼不買一雙新鞋子啊？」

阿嬤說：「縫一縫，修一修，鞋子一樣很好穿啊！也很可愛，**東西可以用就好，**

別浪費！」

吃完了飯，強強和爸爸媽媽在門口和阿嬤聊天。哇！晚上的風吹過來，真是舒服啊！阿嬤說：「好了，大家該去睡覺了。」

強強嚇了一跳：「阿嬤，您都不看電視的嗎？怎麼那麼早就去睡覺啊？」

阿嬤笑笑說：「哈哈！阿嬤家沒有電視ㄟ，而且早睡早起身體好呢！」

爸爸媽媽笑著抱起了強強，一起去睡覺了！

強強看到床覺得好好玩，因為那是三張用繩子編成的床呢！看起來可以搖來搖去好舒服，這是強強睡過最好玩的床呢！

阿嬤走進來親了強強一下，對他說：「強強，乖乖睡覺，阿嬤明天買新玩具給你哦！」強強說：「阿嬤，不用啦！我已經有舊玩具了，而且，**東西可以用就好，別浪費！**阿嬤我會學您一樣節省哦！哈哈！」

那天晚上，強強可是做了一個好玩的夢呢！他坐在一台補補貼貼的飛機上，飛得好高哦！而且阿嬤也變成了白雲呢！

深愛理由

有一天，一位媽媽去逛街，正想拿出皮包買件新衣服時，旁邊忽然傳來一聲：「媽媽，衣服可以穿就好，別浪費！」聲音來自站在旁邊的女兒，哈哈！

又有一天，一位爸爸想坐計程車，正要抬手招車時，被爸爸牽著的小朋友說話了：「爸爸，離家裡這麼近，走路就好，別浪費！」呵呵！真是讓爸爸哭笑不得。

這些真實小故事，都是一些帶小朋友來「故事屋」聽過《超級阿嬤》的爸媽，跟我們分享的喔！《超級阿嬤》是我看了《佐賀的超級阿嬤》之後的心得創作，說這個故事的時候，孩子們聽了都愛到不行呢！沒想到回家以後，有人就立刻產生了這些超妙、讓大人噴飯的「化學反應」，呵呵！

所以說，要叫孩子學會節儉，不如用這個故事讓他們自然接受愛惜東西的習慣吧！

進行方式

「東西可以用就好，別浪費！」

請大家在說故事時，一定要特別強調這句話，接著您家的小朋友可能會跟著一起喊呢！如果您是小學的說故事志工，呵呵！故事還沒講完，小心！窗戶外面可是會站滿從隔壁班好奇跑來旁聽的同學呢！

深度互動

這樣的故事，可不要講完就結束了，一定要跟孩子討論一下，大家動動腦想想看：

「生活當中還有什麼東西，可以用不同的用途重複再利用？像如何節省水，如何節約用電？」孩子可是創意無限的呢！

請小朋友猜猜看，
為什麼在大象的陷阱裡面，
要放很多的乾草？

古人抓大象的故事

—佚名

張爸爸說故事

在古時候，當人們要搬很重的東西時，常常很容易受傷，而且非常危險。

所以他們會去抓一種動物來幫忙，就是大象。但大象可是非常聰明的，因此想要抓到牠，其實是一件很難的事情呢！

首先，人們必須在大象常常經過的路上，挖一個陷阱，不過陷阱必須要挖得讓大象看不出來喔。

因為大象記性很好，如果牠發現地上的土有被動過，可是會繞路的哦！這樣一來那個陷阱就沒有用了。

但是，要請小朋友猜猜看，為什麼在大象的陷阱裡面，要放很多的乾草？

沒錯！就是因為大象如果掉進裡面受傷的話就糟糕了！骨頭斷掉的話，當時可是沒有任何醫生可以幫忙的呢！大象可能就會因此而死掉！

接著，第二個問題要請小朋友再猜猜看，大象掉進了陷阱裡面，要在裡頭待多久呢？

給大家一個暗示，越是聰明的動物，野性可是越難去除的。所以如果太早把大象放出來，大象可是會攻擊人類的哦！被大象撞到的話那就慘了。

告訴大家答案吧，要放在陷阱裡面一年。

哎呀！所以其實抓大象是一件很殘忍的事情。不過還要跟大家說的是，並不是只把大象孤單的關在陷阱裡面就好，還要幫牠選一個主人，這個人每天都要來幫大象洗澡，或是餵牠吃東西，甚至還要陪大象聊天呢！

為什麼呢？

這樣經過一年以後，大象才會慢慢失去對人類的敵意。

可是第三個問題又要問大家了，一年以後，大象那麼重，要怎麼讓牠出來呢？嘿嘿！這可是一個很難的問題哦！

好啦！公布答案了。

其實很簡單，就是把其中一邊陷阱裡面的土挖掉變成斜坡。這時大象的主人就要來了，他必須站在斜坡上跟大象說：「快出來，快出來。」

而大象只會聽他的話哦！

然後，從此這隻大象就可以跟著主人，幫人類做許多需要很大力氣的工作了。

深愛理由

這大概是我第一次從報紙上看來的故事，這個故事很棒的原因，在於它有很強的「互動性」。

因為，每個故事中的問題，都會讓孩子充分發揮他們的思考、邏輯及想像力，而且不管大孩子還是小孩子，都很喜歡這個故事呢！

進行方式

在這個故事的文字中，張爸爸其實已經告訴大家故事進行的方式了，就是盡量不要自己講答案，讓孩子猜猜看接下來有哪些方法，他們的創意常常會讓我們大人「哇」的大吃一驚，心想真是太厲害了！

當然也會有很多好笑的答案啦，比如問他們：「**怎麼請大象出來？**」竟然有小朋友說：「放一隻老鼠進去，大象會自己跳出來啊！」哈哈！

深度互動

「如果不是用斜坡，還有哪些方法可以讓大象出來呢？請大家動動腦。」

這個故事的後面，我曾經出這個問題問過孩子們，他們的反應也很棒。嘿嘿！分組討論的結果，保證讓您大開眼界！

國王拿到了戒指，非常的高興。

於是他問士兵想要什麼獎賞？

士兵想了想說：

「國王謝謝您！但是我想要的禮物要分給大臣一半哦！」

一半的獎賞

—佚名

張爸爸說故事

很久以前有一個國王，他把自己的戒指弄丟了，於是他貼出告示告訴大家：

「不管是誰，只要找到國王的戒指並且送回皇宮，國王就會給他任何他想要的獎賞！」

有個士兵撿到了這枚戒指，於是他趕快到皇宮去，可是在皇宮的門口遇到了一個壞蛋大臣。大臣看到了戒指，要求士兵把這個戒指給他，而且竟然還要趕走這個士兵！

士兵很生氣的說：「這枚戒指我要親自拿給國王，不能給你！」

大臣說：「你這個士兵！好！我就讓你把戒指拿給國王。可是，你必須把國王送給你的東西分我一半，不然等你出來，我就要把你抓起來！」

士兵心想：「你這個貪心的人！戒指又不是你找到的，怎麼可以這樣！」

士兵很無奈的答應了大臣的要求，但是他決定要和大臣開一個玩笑來懲罰他！

於是，他和大臣來到國王的面前。國王拿到了戒指非常的高興。於是他問士兵想要什麼獎賞？士兵想了想說：「國王謝謝您！但是我想要的禮物要分給大臣一半哦！」國王覺得很奇怪，但是大臣卻非常的開心。

國王說：「好啊！雖然我不知道你為什麼要這樣做。但是我答應你的事情一定會做到，所以不管你要什麼禮物都可以！」

士兵說：「國王請聽清楚了！我想要請國王……………用大大厚厚的木板，打我屁股一百下！可是先把一半給大臣好了。」

國王笑了笑說：「原來是我們這個貪心大臣的想欺負你。好，沒問題！你要的這個禮物我就先送一半給大臣吧！」

結果壞蛋大臣真的被打了五十下。就在快打完的時候，士兵說；「國王，這樣好了，我是一個大方的人，剩下的五十下也一起送給大臣吧！」

哈哈！士兵說完話，不慌不忙的離開了皇宮。只剩下那個貪心的大臣，最後真的被打了一百下屁股呢！

深愛理由

相信這個故事的答案，已經告訴您張爸爸深愛的理由了吧！而且我每次講這個故事，都好期待看小朋友和大人聽眾們最後答案出來時的反應哦！每個人都會先愣住，再爆笑出來！嘿嘿，很適合逗笑正在生氣的女兒呢！

進行方式

說這個故事前，請大家先要和較小的孩子說明一半的意思。比如說，**西瓜怎麼分一半？四顆蘋果的一半是幾顆？六根香蕉的一半是幾根？**這樣會讓孩子比較了解答案最後的意思。

而且故事最有趣的點就是說到士兵的答案時，千萬不要直接講答案！請小朋友盡量猜猜看，這樣會增加答案出來的張力哦！

當然最後也可以問孩子如果你是士兵，還可以選擇什麼東西當好笑的禮物？孩子們的答案也是千變萬化哦！

深度互動

一半是個很有趣的數學概念，可以試著讓孩子進行下列的活動哦！

把一杯水分一半！

將一堆不同顏色的襪子，分隊比賽分成一半！（對顏色的快速辨認）

當然您也可以試試別的衍生遊戲囉！

矮油~~

從那天開始，
方方每天都會帶著圓圓送給他的皇冠和天使翅膀來上學。
大家都好喜歡他哦，
因為他可是最棒的天使國王呢！

不一樣的小朋友

—張爸爸

張爸爸說故事

圓圓的幼稚園裡面來了一個新的小朋友。

這個小朋友，看起來和我們不太一樣ㄟ，他的頭上都沒有頭髮，而且他竟然是坐在輪椅上面呢?!

老師跟大家說：「小朋友你們好！新同學的名字叫作方方。你們大家要照顧他哦，因為他是你們的新同學呢！」

老師叫方方坐在圓圓的旁邊，方方對著圓圓笑了笑說：「妳好！」

圓圓有點不敢跟方方打招呼，因為她覺得，方方看起來和其他同學不一樣。

有一天，下課的時後，圓圓正在畫畫。

突然，方方靠了過來，問圓圓說：「請問妳在畫什麼啊？」

圓圓說：「我在畫小天使啊！」

方方說：「我可以跟妳一起畫嗎？」

圓圓有點害羞的說：「可以啊！」

過了一會兒，哇！他們兩個人一起畫了一個好漂亮的天使世界啊！

圓圓和方方一起GIVE ME FIVE！兩個人都笑得好開心哦。

圓圓問方方說：「方方，你為什麼頭上都沒有頭髮啊？還有你為什麼要坐在輪椅上面呢？」

方方說：「因為媽媽說，我生了一種奇怪的病，所以我要常常去看醫生。而且，我的頭髮因為這個病都長不出來了；我的腳也跟著越來越沒力氣，所以我只好一直坐在輪椅上面。」

圓圓說：「原來是這樣啊，那方方你要勇敢哦！我希望你的生病趕快好起來。」

那天回家以後，圓圓覺得她好喜歡方方哦，她決定要送禮物給方方！

小朋友你們猜猜看，圓圓要送什麼禮物給方方呢？

隔天早上，圓圓拿了一個袋子來學校。告訴方方說：「方方，我要送你很棒的禮物哦！」

圓圓拿了一個好漂亮、好威風的皇冠出來說：「這個皇冠送給你，這樣你的頭就不會冷囉。而且你就變成一個可愛的光頭國王了！還有一個禮物哦，這是一個很棒很棒的**天使翅膀！**送給你，這樣你就不用走路可以用飛的啊！所以，方方你要加油哦。」

從那天開始，方方每天都會戴著圓圓送給他的皇冠和天使翅膀來上學。大家都好喜歡他哦，因為他可是最棒的天使國王呢！

過了好久，突然方方都沒有來上學了。大家覺得好奇怪哦？圓圓每天都在問老師方方去了哪裡？老師說他也不知道。有一天，方方的媽媽來到學校說要找圓圓。

方方的媽媽把皇冠和天使翅膀，還給了圓圓，跟圓圓說：「圓圓，方方說要謝謝妳！但是方方現在已經去了天堂哦！他現在已經是真正的天使小國王了！所以，方方說要還給妳當作禮物哦！」

從那天起，圓圓每天都會對著天上的星星祈禱說：「方方，你在天上要快樂哦！」

深愛理由

這個故事是因為張爸爸看到了一個介紹癌症病童的影片，深受感動所引發的創意！尤其是張爸爸常常聽到很多老師和爸爸媽媽問我，怎麼教孩子面對特殊孩子應有的態度。我想這個故事給了大家很好的參考！因為，除了特殊的眼光，孩子也可以用他們的童心和善意，為他們認識的特殊人們做一些很棒的事情！

進行方式

請大家不要將這個故事說得太傷心，張爸爸一直有發現，孩子對死亡並沒有太大的認知。往往都是大人不

斷的悲痛影響到了他們！因此，建議大家將情節的重點擺在圓圓思考禮物的過程！通常張爸爸會請小朋友一起來想，而且會給他們線索，比如說：「**方方頭上沒有頭髮，那可以送他什麼呢？還有他腳沒有力氣，可以送他什麼呢？**」如果您也進行了這樣的過程，恭喜您！聽了這個故事的孩子，也會開始學會體諒別人，也給別人溫暖的關懷。

至於最後的情節，其實可以不說那一段！但是，如果要說，請您情緒平穩的描述。您也許會發現有些孩子眼眶會泛紅，也會有點不捨。但是感動不也是我們希望孩子從故事中感受到的情緒嗎？

深度互動

和孩子談談他們看過哪些特殊的人們吧。與其避諱，不如讓孩子放開心胸來了解和討論！告訴他們這些人們必須面對的挑戰和歧視。甚至如果有機會，帶他們去認識這些人，您會發現孩子們心胸的開闊和溫暖，遠超過您的想像哦！

正當新郎上前準備扶新娘子走下轎子的時候，
突然看到濟公師父衝了上去，
他揹起了新娘子就往外跑，
結果大家都嚇了一跳！

濟公師父之飛來峰傳奇

｜佚名｜故事屋

張爸爸說故事

在很久很久以前，有一位很有智慧的和尚師父，名字叫作濟公師父。他最喜歡做的事情就是到處去幫助別人，可是有一次發生了一件特別的事情。

有一天，濟公師父走在路上，突然看到遠遠的天上出現了奇怪的東西，竟然是一座山正從天上慢慢的飄過來。濟公師父嚇了一跳！他仔細看了一下，發現這座山就快飄到一個石匠村上面，如果山掉下去，村子裡面的人不就全部都會被壓死了嗎！這可不行，於是濟公師父趕快跑進村子裡面，告訴大家這件事情。

跑進村子後，濟公師父一看到人就告訴對方山快要掉下來了！可是，大家都覺得濟公師父瘋了呢！怎麼可能會有山掉下來呢！所以，沒有人要相信他。濟公師父越來越急了，這下子要怎麼辦呢？

就在這個時候，突然聽到了敲鑼打鼓的聲音，村口來了好多人呢！原來是村子裡面有人要結婚娶老婆，還看到有人抬了新娘子的轎子，喜氣洋洋的準備到新郎家去呢！哈哈！這可讓濟公師父想到了好辦法呢！

於是他跟著大家到了新郎家，正當新郎上前準備扶新娘子走下轎子的時候，突然看到濟公師父衝了上去，他揹起了新娘子就往外跑，結果大家都嚇了一跳！可愛的濟公師父還故意在村子裡面跑過來跑過去，結果，整個石匠村的人都好生氣，大家都出來追濟公師父，還在後面邊追邊罵。

因為大家都以為濟公師父是個瘋子，竟然把新娘子給搶走了，而且濟公師父還故意回頭看大家做鬼臉。整個村子的人都出來追他，大家決定無論如何一定要追到他把新娘子給搶回來。

結果全村的人都追著濟公師父跑，這時濟公師父突然換了一個方向往村子外面跑，大家也只好跟著他跑出了村子。跑了好長好長一段距離，濟公師父回頭看了一眼，突然在一個小山坡上停了下來。慢慢的把嚇壞的新娘子放在地上，這時全村的人也都跑到小山坡上了，而且都生氣的圍著他，有人甚至想要動手打濟公師父呢！

就在大家正要責怪濟公師父時，突然聽到村子那邊傳來驚天動地「轟」的一聲，回頭一看，真的有一座好大好大的山剛好壓在他們的村子上，大家都嚇了一跳，這才瞭解到原來濟公師父是要救大家的，如果沒有跟著濟公師父出來的話，大家可能都會被壓在那座山底下了。

大家回過頭來，正要感謝濟公師父的時候，濟公師父笑了笑，搧了搧他手上的扇子，踩著腳上的破鞋子，揮揮手慢慢的走了。這時，大家只聽到了濟公師父的歌聲傳來：

「鞋兒破，帽兒破，身上的衣服破，別笑我，別笑我，安穩快活是神仙！」

後來石匠村的村民為了感謝濟公師父的恩情，將飛來峰上面都刻滿了佛像呢！

現在大家如果有機會去杭州的靈隱寺，可以注意看

哦！旁邊真的有座飛來峰，而且飛來峰上面的植物真的和當地的植物不同呢！這個神話也許是真的哦！

深愛理由

張爸爸從小就很愛中國的傳統神話故事，因為裡面除了豐富有趣的情節之外，還有很多智慧以及風俗在裡面。尤其濟公師父的故事更是精采絕倫，如果大家有機會去找這方面的資料，您就會發現，濟公師父真的是一位很特別的神明。充滿智慧，風趣幽默，時常用令人捧腹的方式化解很多的危機，還能同時渡化世人。甚至濟公師父很多的名言，大家應該也不陌生哦！比如說：

酒肉穿腸過，佛在心中坐。

修心不修口。

世人都曉神仙好，唯有金錢忘不了，終朝每日常時念，及到多時眼閉了；

世人都曉神仙好，唯有功名忘不了，古今將相今何在，荒塚一堆草沒了。

您看，是不是也有很多讓人深思反省的部分呢！所以，中國文化可是有很多寶藏的呢！

進行方式

在這個章節裡面的故事，故事本身的豐富度都很夠，所以互動要乾淨俐落。比如說，在這個故事裡面，我只會問小朋友一個問題，**如果你是濟公師父，有什麼方法可以讓大家從村子裡面出來呢？**您會發現孩子的答案，真是千奇百怪，不過有時候有些答案可是會讓我們大人感到驚奇呢！

深度互動

在中國傳說故事的概念中，張爸爸很喜歡請大一點的孩子找其它這方面的故事。

尤其是現在的資料太容易拿到了。比如說圖書館或是網路，所以我會請小朋友去找一些有關濟公師父或是其他神明的故事。其實這會開啟他們對中國文化的瞭解，也能學習找資料的方式。請大家不要因為您的宗教就限制孩子做這樣的事情，因為張爸爸一直覺得，尊重別人的信仰是會讓人學會謙卑的呢！

傳奇的瘋顛和尚——濟公

基本檔案

俗名　李修緣
朝代　宋朝

佛門身分

前身　降龍羅漢
出家寺廟　杭州西湖靈隱寺
法號　道濟
稱呼　濟癲

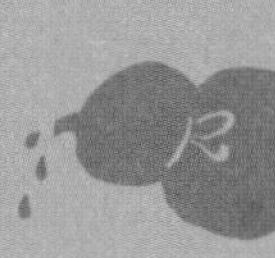

身負使命下凡的羅漢都是大鵬鳥惹的禍?!

傳說濟公的父親，叫李茂春，母親是王氏，夫婦兩人年過三十，還沒有小孩，於是日夜求神祈佛。某天晚上，王氏夢見一尊羅漢，送她一朵五色蓮花，王氏接過蓮花吞食以後，不久便懷有身孕。這個孩子降世的使命，是因為如來佛祖座前的大鵬鳥，觸犯天條私自逃下凡間，佛祖派降龍羅漢（濟公）下凡轉世，找尋大鵬鳥的下落。濟公在塵世間歷經了各種劫難，經過了千辛萬苦後，最後終於完成了他的使命。

三種表情的濟公像

中國蘇州西園寺裡的濟公像，非常的特別。濟公雕像身穿破衣，手持破扇，臉部表情十分生動有趣。從三種角度看，竟然可以看到三種不同的面貌。一種是滿面笑容，稱之為「春風滿面」；另一種則是滿臉愁容，人稱「愁眉苦臉」；最後一種，則是綜合前兩者，有點「半哭半笑」或是「哭笑不得」的感覺。像這樣高超的雕刻技術，正好符合民間故事中濟公凡事我行我素，笑罵由人的態度。

濟公師父的傳說

智鬥秦檜

有關濟公的事蹟，坊間所流傳的《濟公傳》有非常詳細的描述。其中與秦檜鬥智的那一段特別有趣。據說秦檜因為兒子生病，就到靈隱寺請濟公幫忙醫病。濟公便與秦檜打賭對對子，秦檜若輸了要給一百兩，濟公輸了就把廟裡的大匾額送給秦檜。兩人接連對了不少有趣的對子，後來秦檜出題：「酉卒是個醉，目垂是個睡。李太白懷抱酒罈在山坡躺，不曉他是醉，不曉他是睡；」濟公對答：「月長是個脹，月半是個胖。秦夫人手捧大肚在滿院逛，不知她是脹，不知她是胖。」這場鬥智比賽，最後還是秦檜輸了，只好乖乖奉上一百兩銀子。

古井運木

濟公後來轉到淨慈寺當抄寫經典的書記。有一天重建寺廟急需木頭，長老找濟公商量，濟公一口答應要幫忙解決問題。之後卻喝個大醉，足足睡了三天，醒來後突然大喊：「木頭到了！」叫人趕快在井口搭起木架，裝上轆轤。一會兒，井中果然有一根大木頭露出水面。眾人連忙將木頭拉起，接著又冒出一根，直到第七十根，一旁估算木頭數量的師傅隨口說聲：「夠了！」話音方落，井裡還有一根木頭就再也拉不上來了。後來這口運木古井，就成了淨慈寺最吸引人的古蹟。

濟公小秘方

神奇的黑色小藥丸

在濟公出現的電視劇裡，常常可以看到一個經典橋段：有人快斷氣了，結果濟公在身上東搓西揉，掏出一顆黑色的小藥丸，讓對方服下，病人馬上好轉。有關這顆神奇的黑色小藥丸，還有一首詩：「此藥隨身用不完，並非丸散與膏丹。人間百病它全治，八寶伸腿瞪眼丸。」所以這顆藥丸又叫作「伸腿瞪眼丸」。

本書的出版，要感謝好多人哦！

感謝愛我、照顧我、疼我的師父。

還有在天上的爸爸和媽媽，支持我的大哥、大姊和弟弟。

感謝一路給我智慧與支持的吳季樺師姐、陳光珍師兄、李玟靜老師、吳媽媽。

感謝所有故事屋的姊姊們。金鈴姊姊、琪琪阿姨、小雪姊姊、紅豆姊姊、櫻桃姊姊、蛋糕姊姊、蛋蛋姊姊、蜜蜂姊姊、小斌哥哥、布丁姊姊、凱惠阿姨、曾爸爸、鈴鐺姊姊、露露姊姊、小魚姊姊、KiKi姊姊、兔子姊姊、小孜姊姊、范范姊姊、糖果姊姊、娜娜姊姊、黃鈺婷小姐、玉米姊姊、馮爸、小妍姊姊、草莓姊姊、巧克力姊姊、小朱姊姊、番茄姊姊、香香姊姊、甜甜圈姊姊、嫻嫻姊姊、安代姊姊、喵喵姊姊、阿米糕姊姊、小南瓜姊姊、薯條姊姊。

還要感謝一直支持故事屋的好朋友們，慶鴻、王哥哥、黃日俊先生、黃建達先生、葉先鳴先生、包子先生、黃志成先生、房東陳先生、台東的阿公、阿婆、大叔、二叔、可愛的親戚們、岳母大人、珮琪、俊男、信良、陳星彤、陳芃聿、管理員劉大哥、劉小姐、幫我們打掃的阿嬌姨。

以及所有支持我們鼓勵我們的可愛家長和寶貝孩子們，沒有你們不會有今天的故事屋，感恩哦！

感謝高寶出版社的莎淩、淑慧、美鳳、聖欣，以及幕後工作人員們。

當然還要感謝我最愛的老婆、寶貝兒子、寶貝女兒，你們是這本書所有靈感的來源呢！呵呵！

歡迎光臨 故事屋 kids' story house
・玩故事・好好玩・

《張爸爸教你陪孩子玩故事》讀者專享
故事屋 票券折抵券100元

憑本券至全台故事屋據點，即可使用本張「故事屋票券折抵券」

- 憑券於故事屋消費，可使用本券折抵＄100元
- 每次限用乙張，不得折換現金或找零，影印無效
- 兌換日期：即日起～2011年12月31日
- 故事屋相關活動與門市查詢：(02)2709-7300 (07)550-8729
  http://www.kidstoryhouse.com.tw/

折抵券使用後，
故事屋門市於此
方格內蓋印戳章

本活動由 故事屋 熱情贊助

・愛聽故事的孩子 會成為夢想實踐家・

我們是一群好喜歡和小朋友「玩故事、聽故事」的大朋友，故事屋的創立是一位平凡老爸，從小孩兩歲起，每天講故事給兒子女兒聽，因為深深感受到故事對小朋友的深度影響，因此，為他的孩子建造了這個可愛到不行的故事屋，也希望所有爸爸媽媽的寶貝，從此以後有一個「玩故事、聽故事」的夢想空間。

在故事屋，每家店都有著不同情境設計的主題館，而且都有一本比人還高的超大繪本！一翻開，小朋友瘋狂開心的一小時就此展開！

高寶書版集團 親子教養推薦好書

第56號教室的奇蹟
作者：雷夫．艾斯奎

美國唯一獲頒國家藝術獎章，英國女皇、達賴喇嘛及歐普拉都推薦的老師一本讓上億家長感動掉淚的教育書。

惡媽進化論
作者：柯志恩

她是教育心理學家，用她的親身經歷告訴您，惡媽如何培育出獨立自發的優秀孩子，陪伴孩子成長。

點燃孩子的熱情
作者：雷夫．艾斯奎

雷夫老師繼《第56號教室的奇蹟》再推感人力作。透過一場棒球比賽，引領孩子多元教學、生活品格教育。

小狗錢錢與我的圓夢大作戰
作者：柏賓．薛佛

全球暢銷書，德國富爸爸第一本兒童理財書，簡單易懂，幫助孩子了解正確金錢、經濟、工作觀。

新書預告，敬請期待

《平凡媽的親子理財實驗室》(書名暫定) 作者 / 平凡媽(陳若雲)

0－8歲的品格教育，從生活理財開始。平凡媽以她的親身體驗，為您分享如何讓孩子正確認識錢，還有父母最關注的12個零用錢關鍵問題，以及其他爸媽的「零用錢管教」創意。讓孩子學會責任感，就從發零用錢開始。